SCRATCH
儿童编程
大闯关

冯涛 曹晖 著

北方联合出版传媒（集团）股份有限公司

辽海出版社

图书在版编目（CIP）数据

SCRATCH 儿童编程大闯关 / 冯涛，曹晖著 . — 沈阳：
辽海出版社，2018.10

ISBN 978-7-5451-5027-8

Ⅰ . ①S… Ⅱ . ①冯… ②曹… Ⅲ . ①程序设计－儿童
读物 Ⅳ . ① TP311.1-49

中国版本图书馆 CIP 数据核字（2018）第 229303 号

出 版 者：北方联合出版传媒（集团）股份有限公司
　　　　　辽 海 出 版 社
　　　　　（地址：沈阳市和平区十一纬路 25 号　　邮编：110003）
印 刷 者：辽宁新华印务有限公司
发 行 者：北方联合出版传媒（集团）股份有限公司
　　　　　辽 海 出 版 社
幅面尺寸：170mm × 240mm
印　　张：9.25
字　　数：110 千字
出版时间：2018 年 10 月第 1 版
印刷时间：2018 年 10 月第 1 次印刷
责任编辑：谭　莹
美术编辑：郑　伟　谭　莹
手绘插图：王亚琼
责任校对：王守红

书　　号：ISBN 978-7-5451-5027-8
定　　价：88.00 元

购书电话：024-23285299　　　　　开发部电话：024-23285788
网　址：http://www.lhph.com.cn
法律顾问：辽宁同方律师事务所　张鑫辉　邱　娜
如有质量问题，请与印刷厂联系调换
印刷厂电话：024-31255233
盗版举报电话：024-23284481

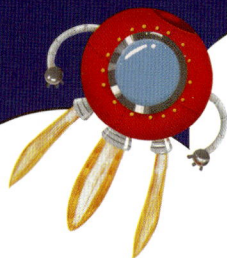

目　录

绿坦可不是一条绿色的毯子，这一点千真万确，S学院的人都知道。

绿坦是一只猫，一只一点儿也不优雅的肥猫，圆滚滚的肚子像吹起来的大气球。不过绿坦可是S学院里的头号明星，每天气宇轩昂地在校园里四处巡视，俨然一副校长的派头。教授们的课堂上也少不了他的身影，他总是旁若无人地占据一张书桌，嘴里嚼着美味的小香肠，毫不客气地用呼噜声对那些乏味的课堂作出点评。

绿坦从来不把自己当作一只猫。说真的，每当看到那些为考试而抓耳挠腮的学生，绿坦简直不敢相信，这世上竟然会有这么笨的人，它用尾巴思考，都能轻松解决那些问题。

绿坦嚼着它最爱的小香肠，慢悠悠地来到校长室的窗口。真奇怪，校长有一个多星期没露面了，可是办公桌上的电脑却开着，难道发生了什么可怕的事情？

绿坦做梦也不会想到，接下来等待它的，将会是一场十足的冒险，而最后，它会成为万人仰慕的英雄。

不过，在开始冒险故事之前，还是让我们先到S学院的课堂上去看一看，看看他们在学些什么有趣的东西。

Scratch编程环境

编程环境

Scratch 是一个非常有趣的编程软件，你可以根据自己的想法设计出与众不同的游戏或指令。

Scratch 提供了两种使用方式：一种是离线方式，不需要上网就可以进行编程。

另一种是在线的方式，需要连接互联网，通过登录 Scratch 网站来进行编程。

离线使用

下载 Scratch 离线编辑器：

在浏览器地址栏中输入 https://scratch.mit.edu，打开 Scratch 官方网页。点击 Scratch 网页下方的支持栏目中的离线编辑器链接地址。

Scratch 网址

https://scratch.mit.edu

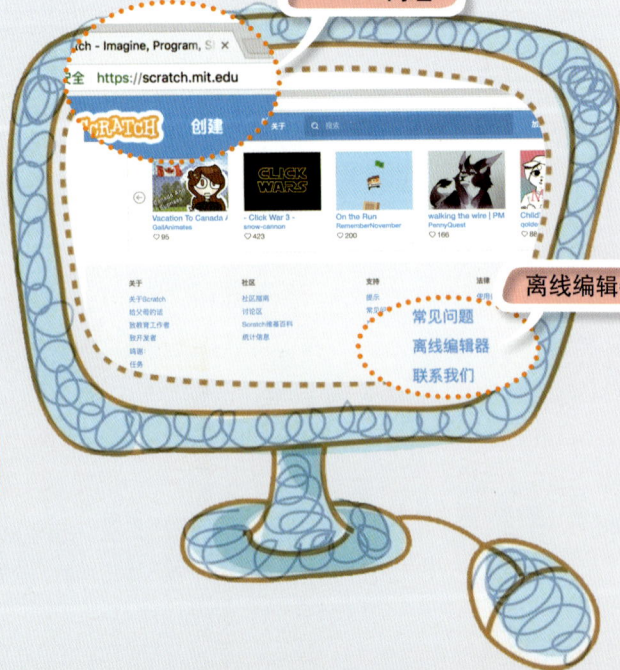

离线编辑器地址

关于	社区	支持	法律
关于Scratch	社区规则	提示	条款
给父母的话	讨论区	常见问题	
致教育工作者	Scratch维基百科	离线编辑器	
致开发者	统计信息	联系我们	
致媒体			
任务			

语言要选择
"简体中文"

简体中文 ▼

Scratch 网站转到离线编辑器下载页面

根据要安装离线编辑器的电脑操作系统类型，选择相对应的下载链接。如果操作系统之前没有安装 Adobe AIR，那么在安装 Scratch 离线编辑器之前需要先安装 Adobe AIR。

不同操作系统的 Adobe AIR 的下载地址。

不同操作系统的 Scratch 离线编辑器下载地址。

Aobde AIR 下载地址

5

安装Scratch离线
编辑器（Windows
版本）

点击我同意按钮

点击完成按钮

安装 Scratch 离线编辑器：

在下载目录中，双击 Scratch-460.0.1.exe（文件名中的 460.0.1
表示当前下载的 Scratch 离线编辑器版本号）。系统打开 Scratch 离线
编辑器安装窗口，点击窗口下方的继续按钮。安装完成后会自动打开
Scratch 离线编辑器。

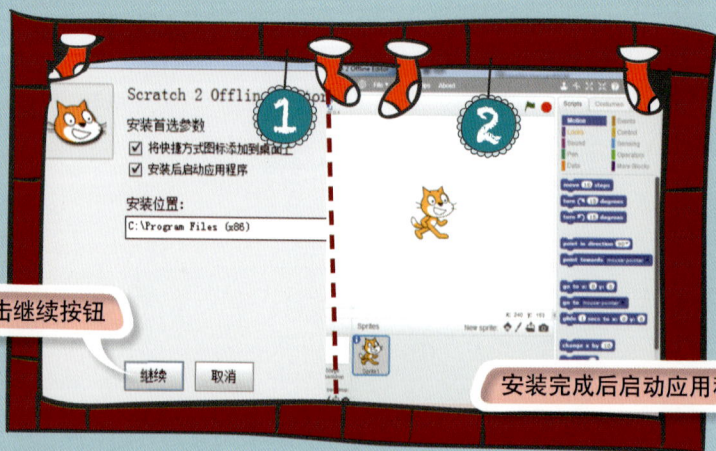

点击继续按钮

安装完成后启动应用程序

安装 Scratch 离线编辑器 (Mac 版本)

安装 Adobe AIR：

在下载目录中，双击 *Adobe AIR.dmg*。

双击 Adobe AIR Installer

点击安装／更新按钮

点击完成按钮

安装 Scratch 离线编辑器：

　　在下载目录中，双击 *Scratch-456.0.4.dmg*（文件名中的 456.0.4 表示当前下载的 Scratch 离线编辑器版本号）。系统打开 Scratch 离线编辑器安装窗口，点击窗口下方的继续按钮。安装完成后会自动打开 Scratch 离线编辑器。

双击 Install Scratch 2

点击继续按钮

安装完成后启动应用程序

在线使用

以游客身份使用 Scratch 在线编辑页面

1. 在浏览器地址栏中输入 *https://scratch.mit.edu*，打开 Scratch 官方网页。

2. 点击网页顶端菜单中的 *创建* 菜单项，网站会跳转到 Scratch 在线编辑页面。

点击创建菜单项

创造故事、游戏、动画
与全世界分享

加入Scratch
(it's free)

分享超过 **23,814,481** 个专案。

游客身份在线使用 Scratch

Join Scratch 登录▼

注册 Scratch 社区

在浏览器地址栏中输入 *https://scratch.mit.edu*，打开 Scratch 官方网页。在 Scratch 官方网页的右上角点击**加入 Scratch 社区**，网站会弹出加入 Scratch 的导航页面。

加入 Scratch

注册一个 Scratch 账号，简单而且不用钱！

选一个 Scratch 用户名称　　scratch_newer

选一个密码　　　　　　　　·········

确认密码　　　　　　　　　·········

加入 Scratch

你的作答内容不会被公开。
为什么我们需要这项信息 ❓

出生年和月　　　一月 ▼　2009 ▼

性别　　　　　◉男 ◯女 ◯

国家　　　　　China

加入 Scratch

请输入您的监护人信箱，我们会寄发验证信件给他们。

您的监护人的信箱　　******.***

确认信箱地址　　　　******.***

◻ 接收来自 Scratch 团队的更
新通知

加入 Scratch

欢迎来到 Scratch！ scratch_newer！

你可以登入了！开始探索、创造项目吧。

如果您想要分享、评论，请查收您的信箱，点击验证信件
fengt09@163.com里面的连结。

信箱不对吗？您可以在账户设定中更改信箱。

遇到问题了？告诉我们吧！

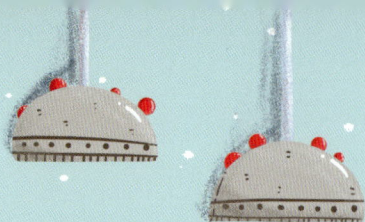

验证 Scratch 注册信息

打开注册的邮箱，找到 Scratch 发送的邮件。在邮件中，点击**验证我的信箱**，浏览器会打开欢迎来到 Scratch 的页面，表示完成注册验证。

在线管理 Scratch 项目

在登录到 Scratch 社区后，Scratch 网站的右上角会显示用户名称。当点击向下箭头后，页面显示下拉菜单，包括**个人中心**、**我的东西**、**账户设置**和**退出**。

显示用户名称
显示／维护个人信息
显示／维护 Scratch 项目
显示／维护账户信息

　　点击**新增项目**按钮，会打开 Scratch 编程页面，并且在项目列表中增加一个新的 Scratch 项目。点击**新建工作室**按钮，会打开一个新的工作室页面，可以在创作坊中添加分享的 Scratch 项目。点击项目列表中的每个项目标题或**观看程序页面**按钮，会打开该项目的 Scratch 编程页面。

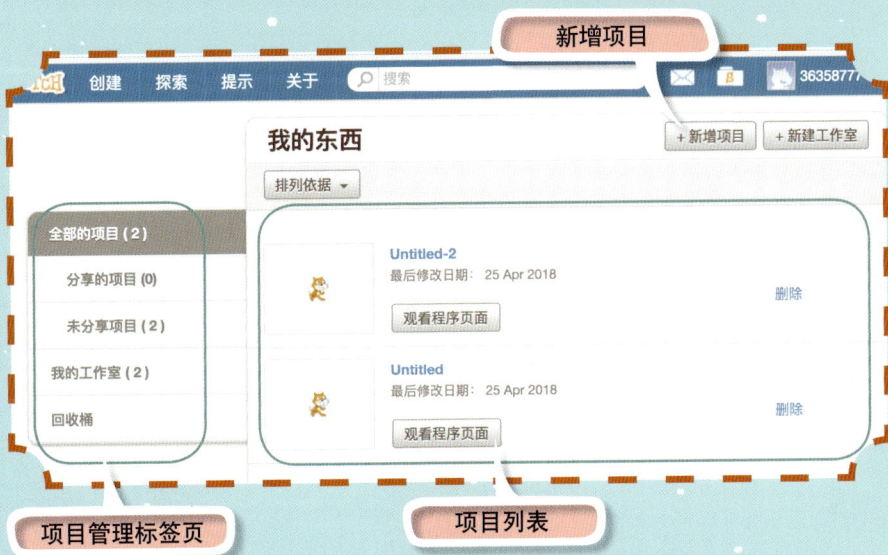

新增项目

我的东西

+ 新增项目　+ 新建工作室

排列依据 ▾

全部的项目 (2)

分享的项目 (0)

未分享项目 (2)

我的工作室 (2)

回收桶

Untitled-2
最后修改日期：25 Apr 2018
观看程序页面
删除

Untitled
最后修改日期：25 Apr 2018
观看程序页面
删除

项目管理标签页

项目列表

编程界面

在 Scratch 编程页面的顶端是**菜单栏**和**工具栏**，在以后的使用中会详细介绍菜单栏和工具栏的使用方法。

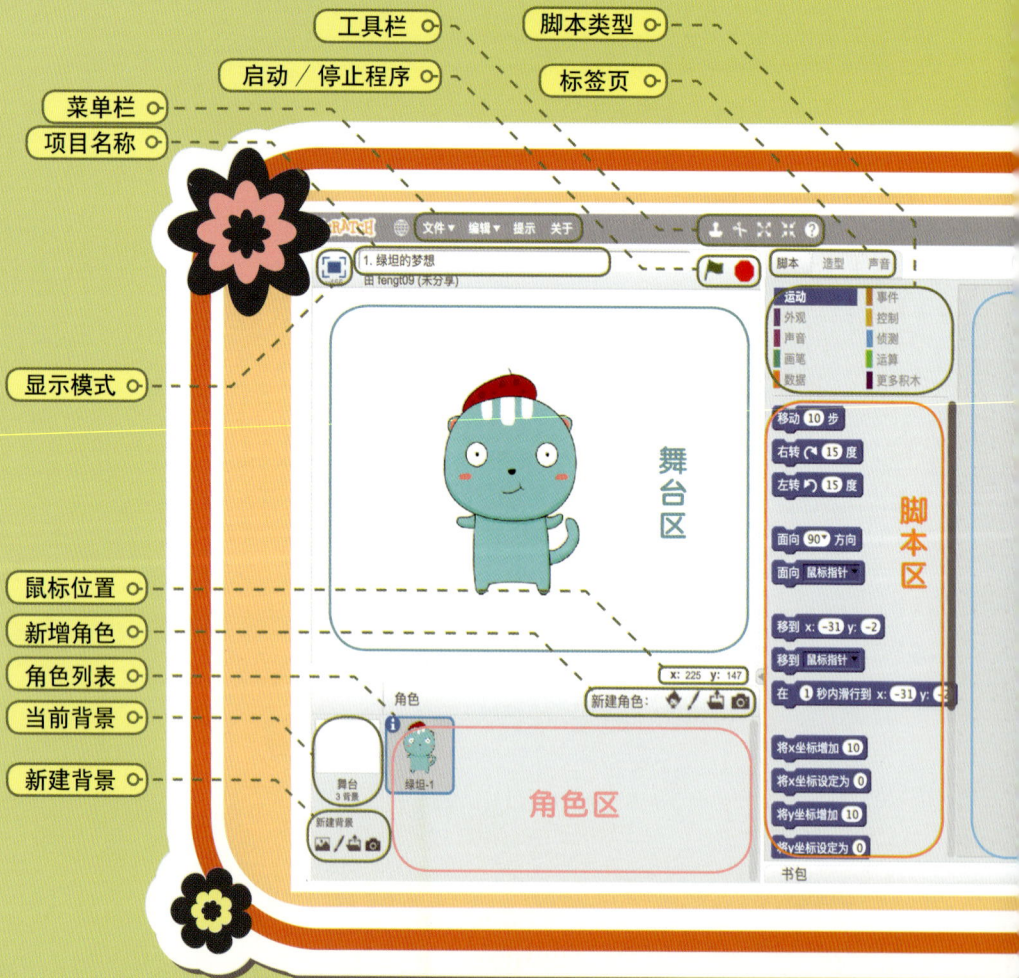

工具栏

脚本类型

启动／停止程序

标签页

菜单栏

项目名称

显示模式

鼠标位置

新增角色

角色列表

当前背景

新建背景

舞台区

脚本区

角色区

舞台

舞台在 Scratch 编程页面的左上部。在舞台上方左侧第一个按钮是显示模式按钮，中间是 Scratch 项目名称，右侧是启动和停止程序执行。在舞台中部用于展现角色形象和动作的区域，你编写的各种程序后的执行效果都会在这里显示出来。在舞台右下角显示鼠标在舞台中的坐标位置。

Scratch 编程环境，主要分为四个区域：舞台区、角色区、脚本区和编程区。

角色位置

编辑区放大／缩小

舞台大小

Scratch 的舞台是一个宽为 480 步长、高为 360 步长的长方形，中心点为（x:0，y:0）。从舞台中心点向上和向下是 180 步，向左和向右是 240 步。

舞台背景

在 Scratch 编程页面的左下角方框中显示当前舞台背景的缩略图和舞台背景的数量。当点击舞台背景缩略图后，在 Scratch 编程页面的中部会显示背景标签页。在背景标签页中，显示当前项目所有的背景图列表。点击舞台背景列表中的背景图标，可以编辑舞台背景图片。

舞台背景
由 scratch_newer (未分享)

当前舞台背景缩略图

舞台背景数量

舞台
2 背景

新建背景

新建背景包括四种方式：
从背景库中选择背景；
绘制新背景；
从本地文件中上传背景；
拍摄照片当作背景。

点击新建背景中的**从背景库中选择背景**按钮，Scratch 中会打开自带的背景库。

点击新建背景中的**绘制新背景**按钮，Scratch 中会在舞台背景列表中新建一个白色的舞台背景。在舞台背景编辑页面的底部是画笔粗细选择和画笔颜色选择，以及背景类型选择和背景放大缩小。

新建背景

背景1
480x360

xy-grid
480x360

x: 45　y: 38

背景1

清除　添加　导入

脚本　背景　声音

分享　查看项目

背景裁切翻转

背景添加／删除

操作撤销／恢复

舞台背景名称

舞台背景工具栏

画笔粗细选择

画笔颜色选择

背景放大缩小

背景类型选择

100%

位图模式
转换成矢量编辑模式

舞台背景列表

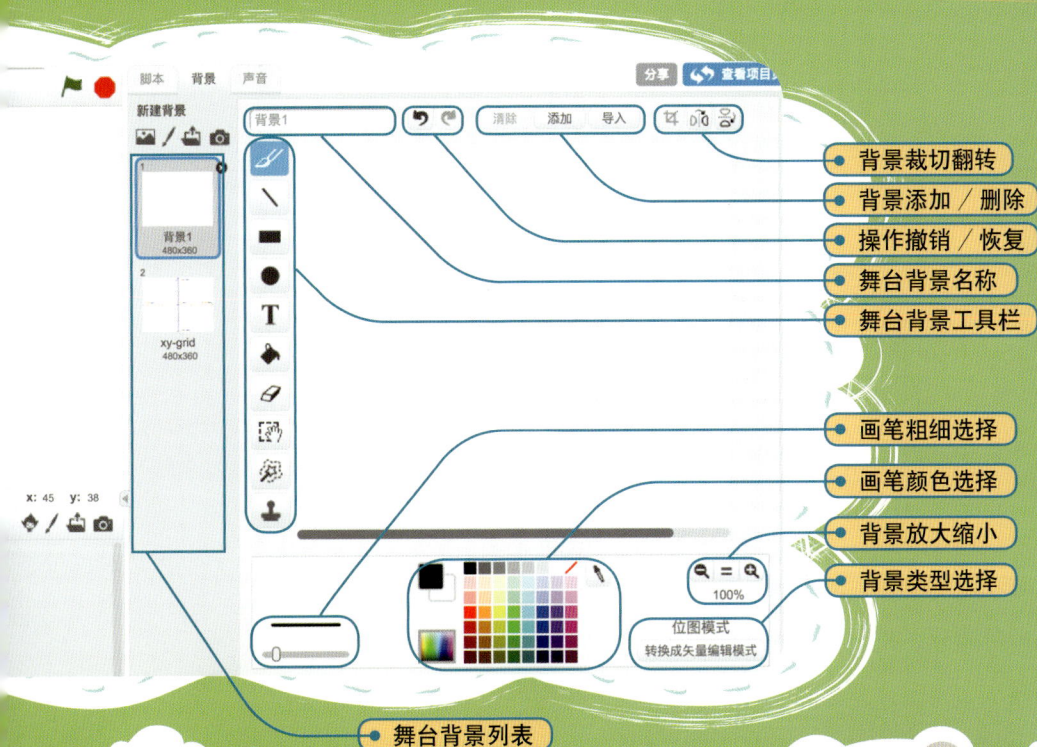

　　　　点击新建背景中的**从本地文件中上传背景**按钮，Scratch 中会打开义件选择对话框，可以选择在本地计算机中已存在的图片，导入到舞台背景中。

　　　　点击新建背景中的**拍摄照片当作背景按钮**，Scratch 中会打开计算机的摄像头。在摄像头取景对话框中显示摄像头获取的影像，点击对话框下部的保存按钮，这样就可以新建一个拍摄照片的舞台背景。

角色和造型

在 Scratch 编程页面的左下角会显示所有角色名称和缩略图。当新建一个 Scratch 项目时，Scratch 编辑器会自动添加小花猫的角色。在角色列表顶部有新建角色的 4 个操作按钮：从角色库中选择角色、绘制新角色、从本地文件中上传角色、拍摄照片当作角色。

每个角色至少包括一个造型，每一个造型代表这个角色的一种样子，例如，在小花猫角色中的走路和跑步的 2 个样子就是小花猫角色的 2 个造型，在箭头角色中的向上、向下、向左、向右的 4 个样子就是箭头角色的 4 个造型。点击标签页中的造型，在 Scratch 编程页面会显示当前角色的所有造型。

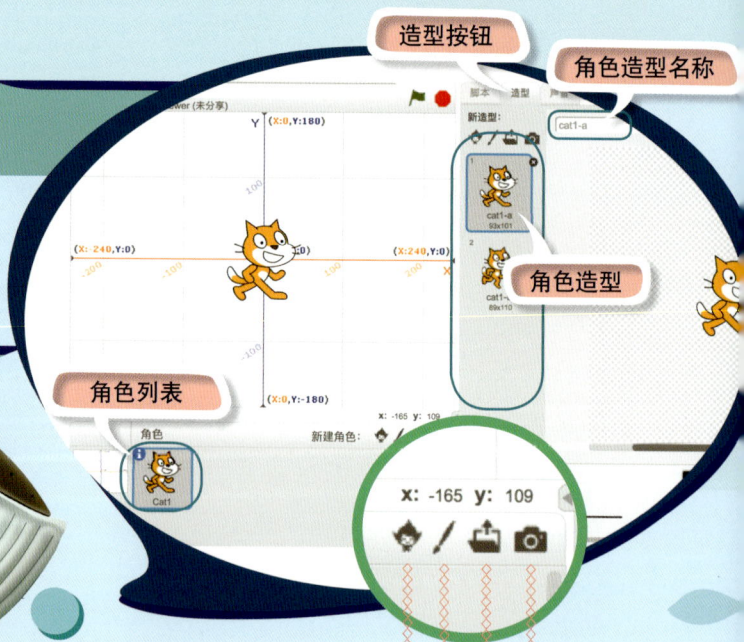

造型按钮

角色造型名称

角色造型

角色列表

x: -165 y: 109

从角色库中选择角色

绘制新角色

从本地文件中上传角色

拍摄照片当作角色

角色信息

在角色列表中，每一个角色缩略图的左上角都有一个信息标识。点击信息标识，在角色列表中打开角色信息对话框。

角色名称

角色位置

角色

新建角色：

Cat1

x: 0　y: 0　方向：

旋转模式：

播放时可拖曳：

显示：☑

Cat1

在角色信息对话框中，有以下功能：
1 修改角色名称；2 显示角色在舞台中的坐标位置；3 设置角色方向；4 设置旋转模式；5 播放时角色是否能够被移动；6 是否在舞台中显示或隐藏角色。每一个角色显示在舞台中都会有一个位置，角色位置采用（x，y）方式表示。

在 Scratch 编程页面中，角色位置有两个地方显示：一个地方是在角色信息对话框中显示角色位置的坐标标识，另一个地方是在编程页面的右上角会显示当前角色的位置坐标。

脚本

脚本类型

在 Scratch 编程页面的中部显示"脚本"标签页面，在"脚本"标签页的上部显示脚本类型，包括运动、外观、声音、画笔、数据、事件、控制、侦测、运算等类型。

脚本块

在每一个脚本类型中，Scratch 提供了各种脚本块。脚本块是 Scratch 编程的基本形式，选择需要的脚本类型，在脚本区拖动脚本到编程区，当在脚本下方出现磁贴形状表示可以放到脚本下方，通过不同类型的脚本块组合成 Scratch 程序。

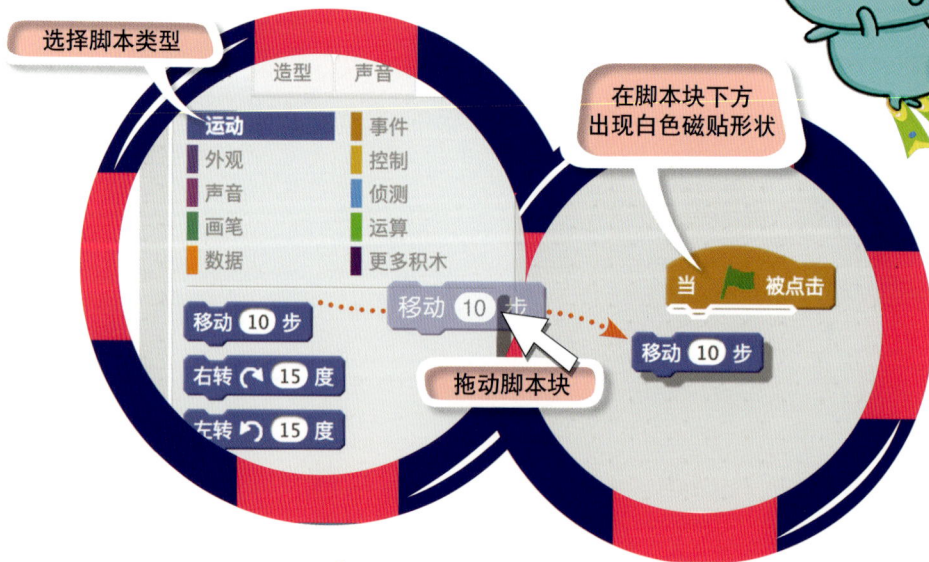

选择脚本类型

造型　声音

运动	事件
外观	控制
声音	侦测
画笔	运算
数据	更多积木

移动 10 步
右转 15 度
左转 15 度

拖动脚本块

在脚本块下方出现白色磁贴形状

当 ▶ 被点击
移动 10 步

脚本块就是 Scratch 编程的模块，它具有不同的类型。把这些脚本块设置好，就可以运行你设计的程序了。

举个例子：

在运动脚本类型中的 移动 10 步 脚本块，表示角色在舞台中移动的步数。

移动 10 步

脚本块动作行为

脚本块输入框

脚本块输入框

圆形输入框

表示输入的数值，如 1，2，3，…。

等待 1 秒   移到 x: 0 y: 0

方形输入框

表示输入的文本，如姓名、地名或句子等。

说 Hello!   询问 What's your name? 并等待

当按下 空格 键

下拉输入框

表示从下拉选项中选择一个选项，作为脚本的输入值。

播放声音 啵

19

重复执行 3 次
面向 90▼ 方向
说 Hello!

脚本块形状

长条形的脚本块 代表了顺序执行的逻辑关系，长条形脚本块可以放到其他长条形脚本块的下方或上方，表示程序是逐一地按着顺序执行的。

y 坐标

在 1 到 10 间随机选一个数

圆角长条形的脚本块 无法作为独立的语句放到长条脚本块的上方或下方，而是只能作为输入值放到长条形脚本块的圆形输入框或方形输入框中，表示输入数值或文本。

两头尖的脚本块 也无法单独作为语句放到长条脚本块的上方和下方，只能作为控制脚本类型或运算脚本类型中的判断条件。

顶端圆形的脚本块 作为程序开始的起始脚本，顶端圆形的脚本下方可以放置长方形脚本块。

1 + 1 =???

绿坦仔细研究了一番，这可花了他不少脑筋，呵呵，还有几根美味的小香肠。不过付出总是值得的，绿坦终于大致摸清了外星人的程序设计，并成功躲过监视，找到了校长。校长说他还好，只是和其他一些人被囚禁在外星人的程序里，无法脱身。绿坦怎么也想不明白，那么大一个人，怎么就跑到电脑程序里了呢，并和游戏里的人物角色一样了。校长说他也不明白，这一切究竟是怎么发生的，僵尸星球的智慧实在是高深莫测。

　　怎么才能救出校长，还有其他那些网络专家呢？绿坦第一次面临如此巨大的挑战。他拍拍肚皮，从兜里摸出最后一根小香肠，同时暗暗拿定了主意：无论如何，首先要把自己也转变成电脑信号，然后偷偷潜入外星人的程序，再寻找机会解救那些人。

　　绿坦能完成这个任务吗？

小花猫登上舞台

在这个例子中，我们首先添加一个有聚光灯的舞台背景，并且让小花猫从舞台的最左边移动到舞台中央的聚光灯下，说出**我们边玩游戏边学习 Scratch 编程吧！**

选择带有聚光灯的舞台背景"spotlight—stage"

选择"室内"类型

添加一个新的舞台背景

新建背景

背景库
分类
室内
内容
其它

主题
城堡
城市
飞行
节日
音乐和舞蹈
自然

spotlight-stage   spotlight-stage2

从背景库中选择背景

点击"确定"按钮

点击"⊗"按钮，将白色背景缩略图删除

删除白色的舞台背景

脚本   背景   声音

新建背景

背景1

背景1
480x360

2
spotlight-stage
480x360

新建背景

spotlight-stage
480x360

小花猫从舞台左边滑动到舞台中央

小花猫从舞台左边滑动到舞台中央的过程分为三个动作并逐一执行：首先小花猫出现在舞台左侧的某一个位置，然后面向舞台中央，最后滑行到舞台中央的某一个位置。

舞台左侧位置 x：-194　y：-18

舞台中央位置 x：19　y：-14

如何确定小花猫在舞台中的位置

在编程之前，首先需要确定小花猫在舞台左侧出现的一个位置和最终移动到舞台中央的一个位置。

舞台左侧位置：鼠标拖动小花猫移到舞台的左侧，将小花猫的最下方与舞台的灰色地面对齐，记录下小花猫的舞台位置 x：-194 y：-18。

舞台中央位置：鼠标拖动小花猫移到舞台中央的圆形站台上，将小花猫的最下方与圆形站台对齐，记录下小花猫的舞台位置 x：19　y：-14。

还记得何如查看角色在舞台中的位置吗？有两种方法：1. 在角色信息框中查看角色的舞台位置；2. 在编程区的右上角查看角色的舞台位置。

小花猫

ℹ️

小花猫向舞台中央滑行

出现在舞台左侧：单击
动作脚本类型，将脚本块
`移到 x:0 y:0` 拖到编程区，
并在脚本块中输入舞台左
侧位置，x 后输入 −194，
y 后输入 −18。

当 🚩 被点击

移到 x: -194 y: -18

面向 90▾ 方向

在 5 秒内滑行到 x: 19 y:

说 我们边玩游戏边学习 Scr

面向舞台中央：由于小花猫是从舞台左侧出现，为了
滑行到舞台中央，小花猫应该向右滑行，因此，需要
设定小花猫的滑行方向是面向右方。在 Scratch 中，面
向上方为 0，面向下方为 180，面向右方为 90，面向左
方为 −90。单击动作脚本类型，将脚本块 `面向 90▾ 方向`
拖到编程区，并在下拉输入框中选择 (90) 向右。

绿坦欢乐谷

滑动到舞台中央：在动作脚本类型中，将脚本块 `在 1 秒内滑行到 x:0 y:0` 拖到编程区，在脚本块中的第一个数值输入框中输入 5，表示从舞台左侧位置滑动到舞台中央位置所花费的时间，输入的数值越大，从舞台左侧滑动到舞台中央越慢，反之滑动越快。在 x 和 y 后的两个数值输入框中，输入滑动到舞台中央的位置，x 后输入 19，y 后输入 −14。

吧！ 5 秒

Hello!

小花猫打招呼

单击外观脚本类型，将脚本块 `说 Hello! 2 秒` 拖到编程区，在文本输入框中输入"我们边玩游戏边学习 Scratch 编程吧！"，在数值输入框中输入 5，表示说话内容会一直显示 5 秒钟后消失。

运行 Scratch 程序

到这里，我们完成了第一个例子的所有程序的编写。那么，如何运行已经写好的程序呢？Scratch 提供了两种运行程序的方法：

第一种方法：双击编程区内的脚本块，就可以直接运行 Scratch 程序。

第二种方法：单击控制脚本类型，将脚本块 [当 ▶ 被点击] 拖到编程区，并且放置到脚本块的最前端。这样，单击舞台上方的绿旗按钮，就可以运行 Scratch 程序。单击停止按钮，就能够停止 Scratch 程序。

代码操作的流程图：

小花猫

① 当 ▶ 被点击
启动脚本块

② 移到 x: 0 y: 0
移动角色位置

③ 面向 90▾ 方向
角色可以面向上、下、左、右或其他角度移动

④ 在 1 秒内滑行到 x: 0 y: 0
滑行方式移动

⑤ 说 Hello! 2 秒
输入内容：我们边玩游戏边学习 Scratch 编程吧！

完整的脚本如图所示：

脚本　造型　声音

分享

运动　　事件
外观　　控制
声音　　侦测
画笔　　运算
数据　　更多积木

我们边玩游戏边学习
Scratch编程吧！

移动 10 步
右转 ↻ 15 度
左转 ↺ 15 度

面向 90▼ 方向
面向 鼠标指针▼

移到 x: 19 y: -14
移到 鼠标指针▼
在 1 秒内滑行到 x: 19 y: -14

将x坐标增加 10
将x坐标设定为 0

x: 240　y: 23

新建角色：

x: 19
y: -14

当 ▶ 被点击
移到 x: -194 y: -18
面向 90▼ 方向
在 5 秒内滑行到 x: 19 y: -14
说 我们边玩游戏边学习Scratch编程吧！ 5 秒

29

难怪人们都说绿坦是这个世界上最聪明的猫，什么事都难不住他。绿坦把S学院里的一台时光穿梭机做了小小的改造，居然成功抵达了一万年之后的地球，并利用人类未来的技术，找到了僵尸星球入侵者在地球上的秘密老巢。

又吃了几根小香肠之后，绿坦居然把自己也弄到了程序里，不过在转换的时候出了一点点小差错，不知怎么搞的，尾巴居然少了一截，不过这总比少一条腿要好得多。

进入外星程序的绿坦并没有直接见到校长他们，经过一番秘密的交流得知，校长他们被囚禁在一个极其隐蔽的孤岛上，要想抵达那里，需要闯过许多关卡。

第一关就是一座奇幻森林，这里到处是古怪而可怕的神奇生物，不时发出刺耳的尖叫，高大树木足足有十层楼房那么高，奇怪的爬藤常常偷偷伸卷过来，一旦被它卷住，就别想脱身了。绿坦小心翼翼地在森林里穿行，不时地躲避各种机关陷阱，这样的冒险经历真是让人难忘啊！

绿坦最终能够成功穿越奇幻森林吗？

大森林里的声音

大森林里的声音

　　在游戏中播放大森林中鸟、蛐蛐和马三种动物的叫声。 在播放每种动物的叫声后，小朋友判断是大森林中哪种动物的叫声，然后用鼠标单击相对应的动物图片。如果判断正确，相应的动物会提示：这是 XXX 的叫声。

绿坦是如何在背景或角色中添加和播放声音的？

如何设计判断程序和循环程序呢？

你需要了解"变量"是什么。

这是蛐蛐的叫声

　　在这个游戏中，程序设计上可以分为 3 个步骤：

　　1. 播放动物的叫声。

　　2. 判断声音是哪种动物的叫声。

　　3. 判断是否正确并给出提示。

导入背景和角色

在线 Scratch 编辑器：在菜单中点击**文件**，在下拉菜单中点击**从计算机中上传**，编辑器打开文件选择对话框，选择 *2 大森林里的声音－背景角色 .sb2*，编辑器会将本地只包含了背景和角色的 Scratch 文件上传到在线 Scratch 编辑器。

离线 Scratch 编辑器：在菜单中点击**文件**，在下拉菜单中点击**打开**，编辑器打开文件选择对话框，选择 *2 大森林里的声音－背景角色 .sb2*，编辑器会打开只包含了背景和角色的 Scratch 文件。

OK!

闯关前，找我下载资源包

x: 238 y: 138

角色　　　　　　　　　　　　　新建角色：

马　　鸟　　考拉　　熊　　蝈蝈

导入背景和角色后，在背景列表中已经添加了大森林背景图片，在角色列表中已经添加了**马、鸟、考拉、熊、蝈蝈** 5 个角色。

在背景中添加声音

Scratch 编程可以为背景和角色添加播放与编辑声音的功能。在这个游戏中，我们在**大森林**背景中添加小鸟、蛐蛐和马 3 种动物的声音，并且可以通过编辑声音音轨延长小鸟和蛐蛐的声音。

从本地文件中上传声音

录制新的声音

声音名称

声音时间线

在声音库中选取声音

脚本　造型　声音

新声音：

鸟的叫声

1

鸟的叫声
00:00.34

声音列表

声音音轨图

编辑▼　效果▼

麦克风音量

开始播放声音

停止播放声音

录制声音

麦克风音量

在声音库中选取动物声音

1. 在 Scratch 编程页面中单击舞台背景缩略图，在声音标签页中单击**在声音库中选取声音**，打开**声音库**。

在声音库中选择**动物**类型，单击 *bird*（**鸟**）后，点**确定**按钮，这样在声音列表中就增加了小鸟的声音。

2. 单击声音列表中的 *bird* 声音，在声音名称编辑框中输入**鸟的叫声**，这样就修改了声音名称。

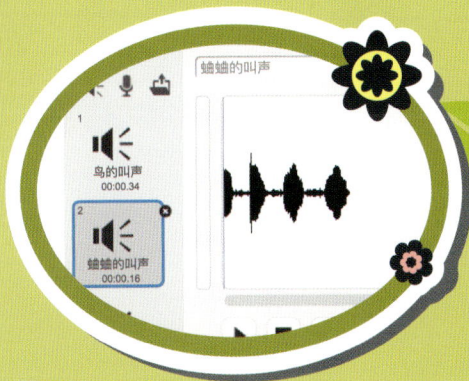

你可以采用上面同样的方法，在声音列表中增加**蛐蛐的叫声**(*cricket*)和**马的叫声**(*horse*)。

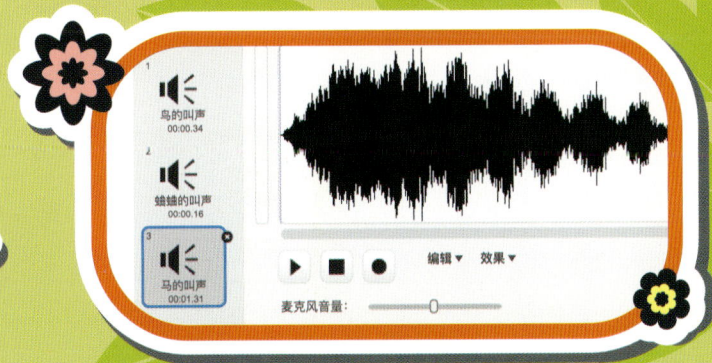

35

延长小鸟和蛐蛐的声音

由于声音库中小鸟和蛐蛐的叫声很短，我们通过编辑声音来延长小鸟和蛐蛐的叫声。

① 单击声音列表中**鸟的叫声**，单击**编辑**下拉菜单，选择**全选**菜单项。这时，在声音音轨图中可以看到鸟的叫声的音轨都被选中。

② 单击**编辑**下拉菜单，选择**复制**菜单项。

③ 在声音音轨图中，单击音轨的末尾位置，将声音音轨的时间线定位到音轨的最末端。

④ 单击**编辑**下拉菜单，选择**粘贴**菜单项。这时，在声音音轨的末端位置又增加了一段与前面一样的音轨。

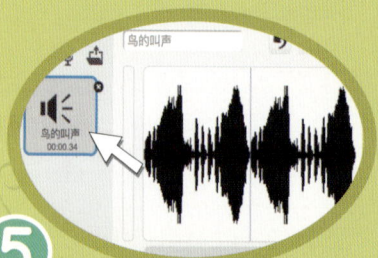

⑤ 单击开始播放声音按钮，听一听是不是鸟的叫声延长了。

选择数据脚本类型

声音

画笔　　运算

数据

更多积木

建立一个变量

点击"建立一个变量"

①

在变量名称框内
输入"动物叫声"

新建变量

变量名：动物叫声

● 适用于所有角色　○ 仅适用

点击"确定"

确定　　取消

②

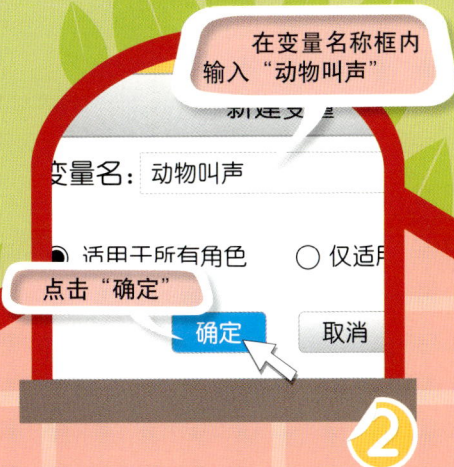

动物叫声变量用来记录当前播放动物叫声的序号，如果勾选前面的复选框，就可以在舞台中显示**动物叫声**变量的当前数值。

舞台区左上角显示出
"动物叫声"的数值框

v460

动物叫声　0

③

数据　　更

建立一个变量

☑ 动物叫声

将 动物叫声 设定为 0

将 动物叫声 增加 1

显示变量 动物叫声

隐藏变量 动物叫声

　　操作动物叫声变量包括4种形式：

　　变量的初始值（也可以从1或者其他数值开始计数）；

　　每执行一次脚本块，就表示"动物叫声"的数值在上一次的基础上增加1；

　　表示在舞台中显示或隐藏动物叫声。

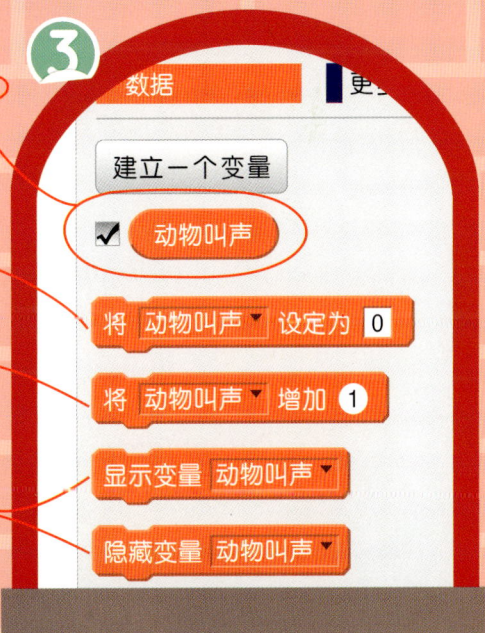

播放动物叫声

播放动物叫声的程序需在舞台背景（**大森林**）中执行。

大森林

单击大森林背景缩略图，选择**脚本**标签页。

1. 在**事件**脚本类型中，拖动脚本 当 ▶ 被点击 到程序区。这样，当单击舞台上方的绿旗标识 ▶ 时就可以启动程序运行。

当 ▶ 被点击

将 动物叫声 ▼ 设定为 1

重复执行 3 次

播放声音 动物叫声

等待 5 秒

将 动物叫声 ▼ 增加 1

2. 在**数据**脚本类型中，拖动脚本 将 动物叫声 ▼ 设定为 1 ，在下拉框中选择**动物叫声**变量，在文本输入框输入 1，将动物叫声变量的初始值设定为 1，表示鸟作为第一个发声的动物。

3. 为了让 3 种动物叫声依次播放，使用重复执行脚本。在**控制**脚本类型中，拖动脚本 重复执行 3 次 ，在重复执行次数的数值输入框中输入 3。在重复执行脚本内，可以放置需要重复执行的脚本块。

4. 播放动物叫声：在**声音**脚本类型中，拖动脚本 `播放声音 喵▾` 到重复执行脚本中。在**数据**脚本类型中，拖动变量 `动物叫声` 到播放声音脚本的下拉框中，形成组合脚本 `播放声音 动物叫声` 。这样，播放声音脚本就可以根据**动物叫声**变量值作为播放动物叫声的顺序，例如，如果**动物叫声**当前变量值为 1，则播放的是鸟的叫声；如果**动物叫声**变量值为 2，则播放的是蛐蛐的叫声；如果**动物叫声**变量值为 3，则播放的是马的叫声。

5. 停顿 5 秒：在播放动物叫声后，需要在播放下一种动物叫声前停顿一定时间。应在**控制**脚本类型中，拖动脚本 `等待 5 秒` 到重复执行脚本块中，在数值输入框中输入 5，表示等待时间为 5 秒。

6. 在停顿 5 秒钟后，继续播放下一种动物叫声。比如，当前播放的是鸟的叫声，下一个应该播放的是蛐蛐的叫声，也就是将动物叫声的序号增加 1。在**数据**脚本类型中，拖动脚本 `将 动物叫声▾ 增加 1` 到重复执行脚本块中，在数值输入框中输入 1，表示将当前动物叫声变量值加 1，本次重复执行后结束。

如果重复执行的次数没有达到 3 次，将继续执行脚本 `重复执行 3 次` 内的脚本块。这时脚本 `播放声音 动物叫声` 中的变量 `动物叫声` 已经被加 1，也就是说会播放下一种动物叫声，随后停顿 5 秒，并将变量 `动物叫声` 再加 1，一直到重复执行了 3 次后结束。

大森林

启动脚本块

当 🚩 被点击 ①

② 将 动物叫声 ▼ 设定为 1

设置动物叫声序号
变量名：动物叫声

在大森林背景中循环播放动物叫声操作的流程图。

判断是哪种动物的叫声

在播放动物叫声后停顿的时间内，你需要判断是哪种动物的叫声，然后通过点击相应的动物来确定判断是否正确。

在这个游戏中，添加了3种动物的声音，而在角色列表中却有5种动物，因此，可以将角色分成两类：一类是没有动物声音的角色，这类角色只要你点击，那么肯定是错误的；另一类是有动物声音的角色，这类角色就需要根据播放声音的序号来判断你是否判断正确。

重复执行 3 次 **3**

重复执行

播放声音 动物叫声 **4**

播放声音
声音：动物叫声（变量）

将 动物叫声 增加 1 **6**

等待 5 秒 **5**

增加声音序号
变量名：动物叫声

停顿

下面，首先将 5 种动物角色分成 2 类，然后再对这两类角色分别进行编程。

❋ 没有动物声音的角色：考拉、熊

❋ 有动物声音的角色：马、鸟、蛐蛐

判断是否为考拉的叫声

在角色列表中选择**考拉**角色，当**考拉**角色被点击时，给出判断错误的提示。

考拉

1. 在**事件**脚本类型中，拖动 `当角色被点击时` 到编程区。这样，当**考拉**角色被点击时，就会触发脚本执行。

当角色被点击时
说 这不是考拉的叫声 3 秒

2. 在**外观**脚本类型中，拖动脚本 `说 Hello! 2 秒`，在文本输入框中输入**这不是考拉的叫声**。在数值输入框中输入 *3*，表示说话内容显示时间为 3 秒钟。

判断是否为考拉的叫声的操作流程图。

当角色被点击时

考拉

① 启动脚本

说 Hello! 2 秒

② 内容：这不是考拉的叫声。

判断是否为熊的叫声

　　由于舞台背景中没有熊的叫声，因此当点击**熊**的角色时，操作与判断是否为考拉的叫声是一样的。

　　在角色列表中选择**熊**角色，当**熊**角色被点击时，给出判断错误的提示。

熊

判断是否为熊的叫声操作的流程图。

当角色被点击时

说　这不是熊的叫声　3　秒

判断是否为鸟的叫声

在角色列表中选择**鸟**角色，当**鸟**角色被点击时，由于动物声音中有鸟的叫声，因此需要判断当前的动物叫声是否为鸟的叫声。如果是，那么给出正确的提示，否则给出错误的提示。在这里，使用的就是条件判断脚本。

条件判断脚本属于**控制**脚本类型，包括两种条件判断脚本：一种是只执行满足条件的脚本块；另一种是除了执行满足条件的脚本块以外，还执行不满足条件的脚本块。

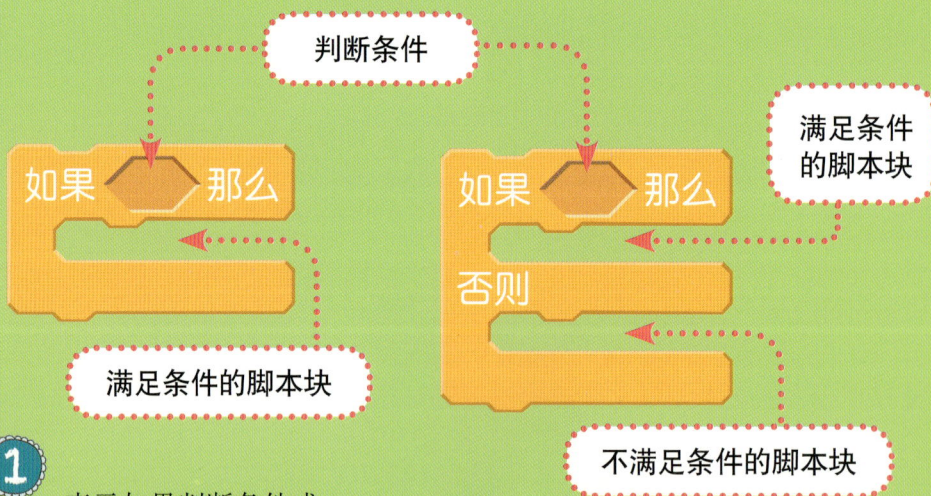

鸟

判断条件

如果 那么

满足条件的脚本块

满足条件的脚本块

如果 那么

否则

不满足条件的脚本块

① 表示如果判断条件成立，那么就执行满足条件的脚本块。

② 表示如果判断条件成立，那么就执行满足条件的脚本块，否则执行不满足条件的脚本块。

在**运算**脚本类型中，Scratch 提供了各种数值的比较运算，如比较两个数值哪个大、哪个小或者是否相等。

在 Scratch 中，如何用脚本来表示一个数值是否等于、大于或小于另外一个数值呢？

 ← 比较两个数值哪个大

 ← 比较两个数值哪个小

 ← 两个数值是否相等

判断条件**动物叫声变量值是否等于 1**的脚本块如图所示：

判断是否为鸟的叫声的完整代码。

鸟

1.在**事件**脚本类型中，拖动脚本 当角色被点击时 到编程区。这样，当**鸟**角色被点击时，就会使脚本执行。

当角色被点击时

如果 动物叫声 = 1 那么

说 这是鸟的叫声 5 秒

否则

说 这不是鸟的叫声 5 秒

2.在**控制**脚本类型中，拖动脚本 如果 那么 否则 。

3.**判断条件**：因为在声音列表中排在第 1 个的动物声音是鸟的叫声，而且我们通过**动物叫声**变量记录当前动物叫声的序号，所以只要判断**动物叫声**变量的当前值是否等于 1 就可以确定是不是鸟的叫声。在**运算**脚本类型中，拖动等于运算符脚本 □=□ 放到条件判断脚本中的判断条件输入框中，左侧输入框中放置**数据**脚本类型中的**动物叫声**变量 动物叫声 ，右侧输入框中输入 1，这样就完成了判断条件**动物叫声变量值是否等于 1** 的脚本块 如果 动物叫声 = 1 那么 否则 。

4. 满足条件的脚本块：如果动物叫声变量值等于1，在条件判断脚本的**那么**语句框中，拖入**外观**脚本类型中的 说 Hello! 2 秒 脚本，在文本输入框中输入**这是鸟的叫声**，在数值输入框中输入**5**，表示说话内容显示5秒钟。

5. 不满足条件的脚本块：如果动物叫声变量值不等于1，在条件判断脚本的**否则**语句框中，拖入**外观**脚本类型中的 说 Hello! 2 秒 脚本，在文本输入框中输入**这不是鸟的叫声**，在数值输入框中输入**5**，表示说话内容显示5秒钟。

判断是否为鸟的叫声的操作流程图。

如果 动物叫声 = 1 那么

否则

判断是否为鸟叫

②

当角色被点击时

启动脚本 ①

③ 那么／真　说 Hello! 2 秒

说:
内容：这是鸟的叫声。
秒：5

否则／假　说 Hello! 2 秒 ④

说的内容可以随意替换。
时间可根据你的需要自己设置。

判断是否为蛐蛐的叫声的代码操作流程图。

蛐蛐

如果 （动物叫声 = 2）那么

否则

② 判断是否为蛐蛐叫

① 启动脚本

当角色被点击时

？

真 说 Hello! 2 秒

③ 内容：这是蛐蛐的叫声。

假 说 Hello! 2 秒

④ 内容：这不是蛐蛐的叫声

判断是否为蛐蛐的叫声的完整代码。

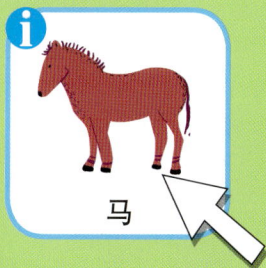

马

判断是否为马的叫声的代码操作流程图。

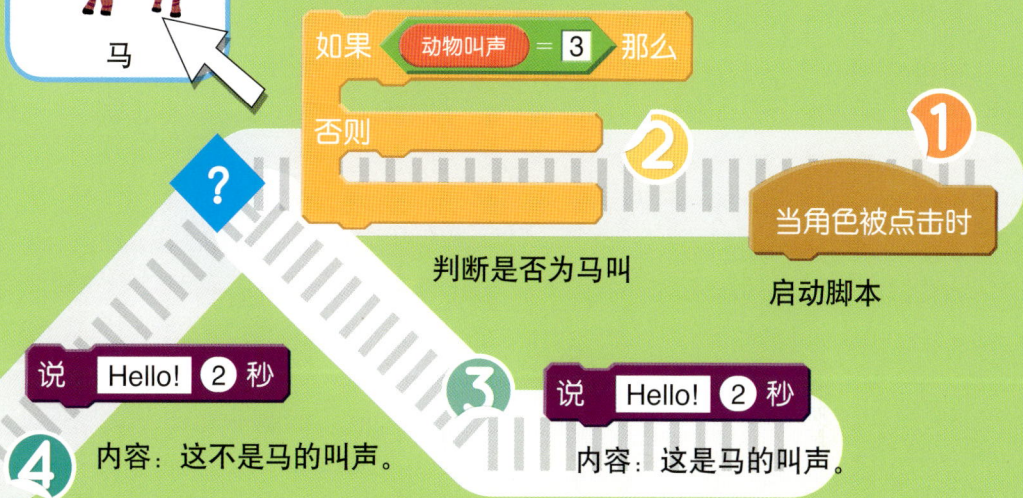

如果　动物叫声 = 3 那么

否则

?

判断是否为马叫

当角色被点击时

启动脚本

说 Hello! 2 秒

说 Hello! 2 秒

内容：这不是马的叫声。

内容：这是马的叫声。

判断是否为马的叫声的完整代码。

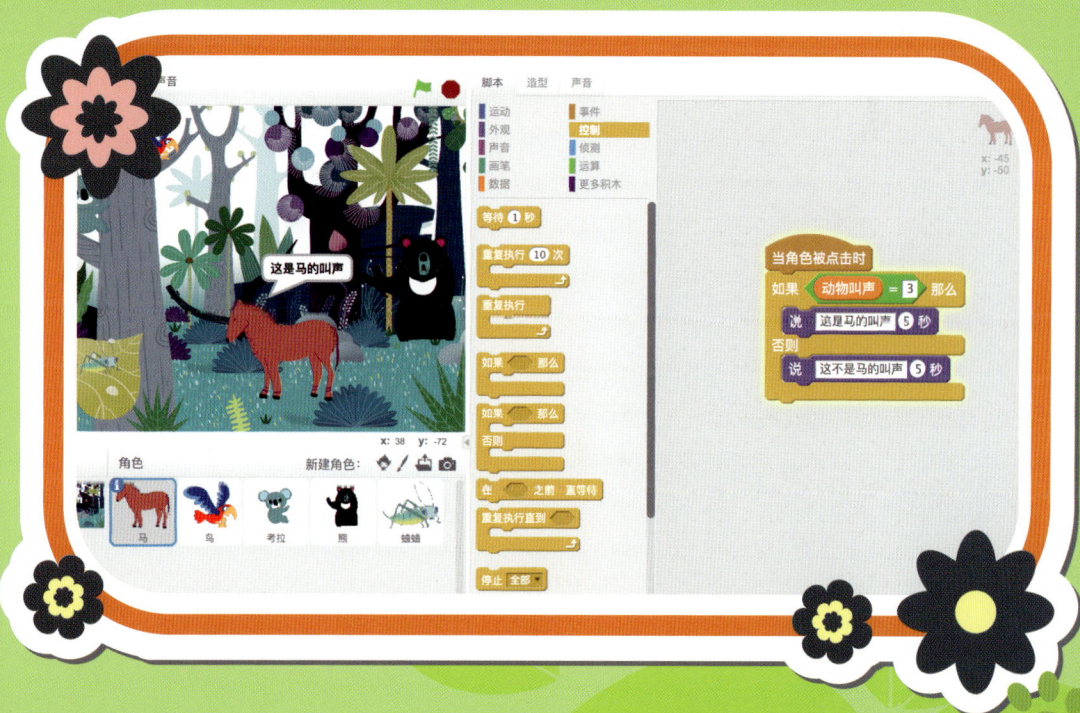

49

恐怖的奇幻森林危机四伏，一不小心就会遭遇致命的危险。弯弯曲曲的藤蔓从巨树的枝干上垂下来，飘飘荡荡的，就像大章鱼的触角，不管是什么东西，一旦被缠住就别想脱身；还有那大水缸一般的猪笼草，真的能吞下一头野猪，一会儿的工夫就消化成了肉汁；小的东西也不意味着安全，一种通体火红的箭毒蛙，只要喷出一滴毒液，就能毒死一头大象。

幸亏绿坦聪明又矫健，一路化险为夷，毫发无损地穿过了奇幻森林，可是就在最后的关口，一座巨大的铁门挡住了去路，两侧是悬崖峭壁，直插蓝天，连只鸟都飞不过去。看来大铁门是唯一的出路，这可怎么办呢？

绿坦站在门前，掏出两根美味的小香肠，一边吧唧吧唧地大嚼，一边仔细观察，突然他发现铁门上规则地排列着八只蝴蝶的图案，用手一按，居然是活动的，就像是密码按钮。再一观察，铁门的周围有成群的蝴蝶在飞舞，这二者之间有什么关联吗？

绿坦能够破解开启铁门的密码吗？

小狐狸捉蝴蝶

小狐狸捉蝴蝶

　　大森林中共有 10 只蝴蝶，这些蝴蝶会出现在森林里不同的地方。当蝴蝶出现后，你可以通过点击蝴蝶来抓住它。当游戏结束时，抓住 8 只以上的蝴蝶才算成功。

如何使用广播消息，让一个角色通知消息给其他角色？
如何使用字串组合，将多个字串组成一个完整的句子？
初步学习随机数的概念和使用方法。

在这个游戏中，程序设计上可以分为 4 个步骤：
①小狐狸介绍游戏规则并宣布游戏开始。
②蝴蝶出现在森林的不同地方。
③判断蝴蝶是否被抓住。
④游戏结束时判断小狐狸是否抓到了 8 只以上的蝴蝶。

导入背景和角色

在线 *Scratch* 编辑器：在菜单中点击**文件**，在下拉菜单中点击**从计算机中上传**，编辑器打开文件选择对话框，选择***3 小狐狸捉蝴蝶 - 背景角色 .sb2***，编辑器会将本地只包含了背景和角色的 Scratch 文件上传到在线 Scratch 编辑器。

离线 *Scratch* 编辑器：在菜单中点击**文件**，在下拉菜单中点击**打开**，编辑器打开文件选择对话框，选择***3 小狐狸捉蝴蝶 - 背景角色 .sb2***，编辑器会打开只包含了背景和角色的 Scratch 文件。

导入背景和角色后，在背景列表中已经添加了**大森林**背景图片，在角色列表中已经添加了**小狐狸**、**蝴蝶**两个角色。

建立抓住蝴蝶的数量变量

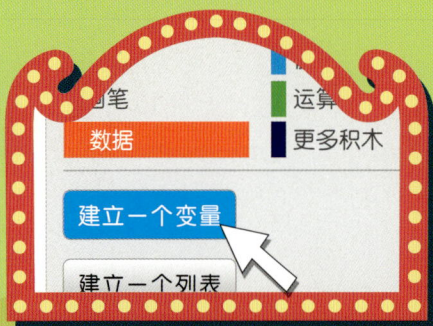

我们需要新建一个变量，用来记录抓住了多少只蝴蝶。

画笔　　　　运算
数据　　　　更多积木

建立一个变量

建立一个列表

1 选择数据脚本类型，单击建立一个变量按钮

舞台区出现"捉住蝴蝶的数量"数值框

v460

捉住蝴蝶的数量　0

新建变量

变量名：抓住蝴蝶的数量

◉ 适用于所有角色　　○ 仅适用于当前

确定　　取消

2 在变量名称编辑框中输入"抓住蝴蝶的数量"，单击确定按钮

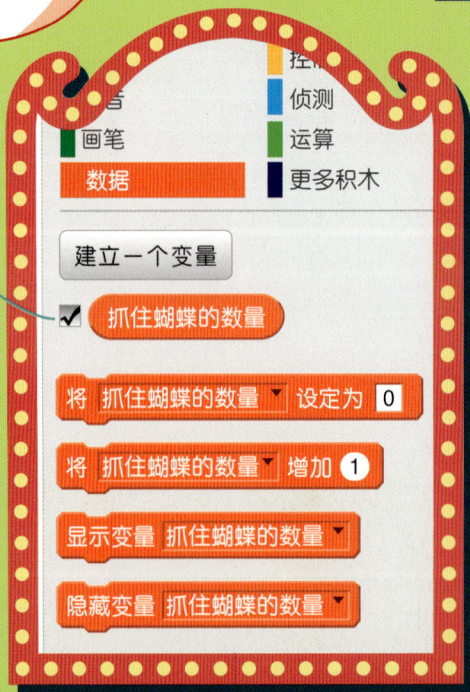

侦测
画笔　　　　运算
数据　　　　更多积木

建立一个变量

☑ 抓住蝴蝶的数量

将 抓住蝴蝶的数量 设定为 0

将 抓住蝴蝶的数量 增加 1

显示变量 抓住蝴蝶的数量

隐藏变量 抓住蝴蝶的数量

3 在数据脚本类型下，增加了抓住蝴蝶的数量变量和一些用来操作抓住蝴蝶的数量变量的脚本。

小狐狸介绍游戏规则并宣布游戏开始

在角色列表中选择**小狐狸**角色，**小狐狸**角色在介绍游戏规则后向**蝴蝶**角色通知游戏开始。这里，需要使用 Scratch 提供的广播消息脚本，实现一个角色通知消息给其他角色。

> 广播消息脚本属于事件脚本类型，包括两种类型：一种是广播消息后执行脚本；另一种是广播消息后等待，一直到所有收到广播消息的脚本都执行结束后，再执行广播消息后续脚本。

广播 游戏开始 ▼

广播消息后继续执行后续脚本。

广播 游戏开始 ▼ 并等待

广播消息后等待，一直到所有收到广播消息的脚本都执行结束后，再执行广播消息后续脚本。

小狐狸

1. 在 **事件** 脚本类型中，拖动脚本 当 🚩 被点击 到程序区。这样，当单击舞台上方的 🚩 时就可以启动程序运行。

当 🚩 被点击

说 小朋友，要抓到8只以上的蝴蝶才能成功哦！测

将 抓住蝴蝶的数量 ▼ 设定为 0

广播 游戏开始 ▼ 并等待

游戏开始

接收消息

广播消息并等待

小狐狸

② 说 Hello! ② 秒

输入说的内容和时间值

① 当 🚩 被点击

启动脚本

56

2. 在**外观**脚本类型中，拖动脚本 `说 Hello! 2 秒`，在文本输入框中输入"**小朋友，要抓到 8 只以上的蝴蝶才能成功哦！游戏开始了！**"，在数值输入框中输入 *5*，表示说话内容显示 5 秒钟。

`了！ 5 秒`

3. 在**数据**脚本类型中，拖动脚本 `将 抓住蝴蝶的数量 设定为 0`。在每次游戏开始时，将**抓住蝴蝶的数量**变量值设置为 *0*，表示一只蝴蝶也没有抓到。

4. 如何表示游戏开始，这需要使用 Scratch 提供的广播消息脚本。在**事件**脚本类型中，拖动脚本 `广播 游戏开始 并等待`。在下拉输入框中选择**新消息……**，在打开的**新消息**对话框中的消息名称编辑框中输入**游戏开始**，单击**确定**按钮，就完成了新建**游戏开始**消息。

③ `将 抓住蝴蝶的数量 设定为 0`

设置变量初值

④ `广播 游戏开始 并等待`

广播消息并等待

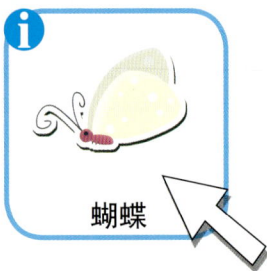

蝴蝶出现在森林的不同地方

蝴蝶

让**蝴蝶**角色出现在森林的不同地方，也就是在舞台中随意选择一个位置，让**蝴蝶**角色显示在这个位置上。

1. 在**事件**脚本类型中，拖动脚本 `当接收到 游戏开始▼` 到程序区。

3. 首先让**蝴蝶**在舞台上隐藏，在**外观**脚本类型中，拖动脚本 `隐藏` 到循环脚本中。

当接收到 游戏开始▼
重复执行 10 次
　隐藏
　移到 x：在 -200 到 200 间随机选一
　显示
　等待 2 秒

2. 在**控制**事件类型中，拖动脚本 `重复执行 3 次`，在数值输入框中输入 **10**，表示重复执行的次数为 10 次。

5. 在**外观**脚本类型中，拖动脚本 `显示`，显示**蝴蝶**角色，在**控制**脚本类型中，拖动脚本 `等待 0 秒`，数值输入框中输入 **2**，表示**蝴蝶**角色显示在舞台上的时间为 2 秒钟。

4. 将**蝴蝶**随机定位到一个舞台位置。在**运动**脚本类型中，拖动脚本 `移到 x: 0 y: 0` 到循环脚本中，在 x 后的数值输入框中，拖入**运算**脚本类型中的 `在 1 到 10 间随机选一个数`，第一个数值输入框中输入 **−200**，第二个数值输入框中输入 **200**，在 y 后的数值输入框中，拖入**运算**脚本类型中的 `在 1 到 10 间随机选一个数`，第一个数值输入框中输入 **−160**，第二个数值输入框中输入 **160**，形成组合脚本 `移到 x: 在 -200 到 200 间随机选一个数 y: 在 -160 到 160 间随机选一个数`，这样，**蝴蝶**就会在下图中随机出现区域中显示。

`在 -160 到 160 间随机选一个数`

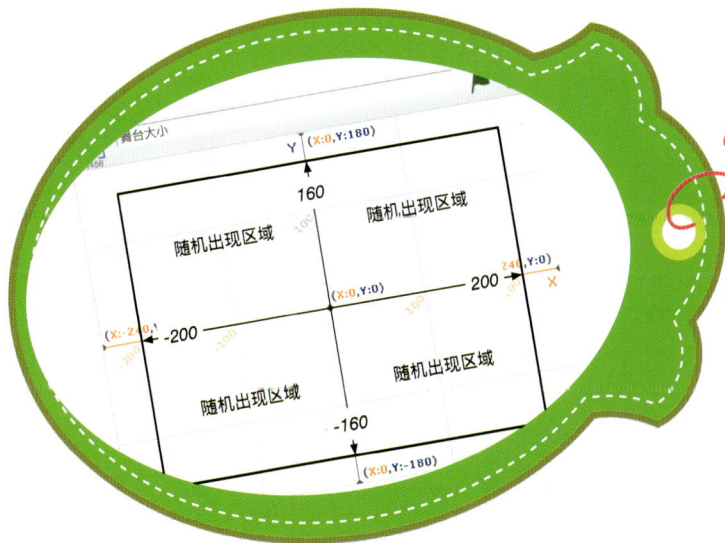

蝴蝶随机出现在舞台的代码操作流程图。

重复执行

操作提示：可根据你设计的程序自定义次数。

① 当接收到 游戏开始▼

启动脚本

② 重复执行 3 次

③

角色隐藏 隐藏

④

移到 x: 在 0 到 10 间随机选一个数 y:

操作提示：
可以自定义一个数值范围。

蝴蝶

操作提示：输入等待的时间值。

⑥ 等待 1 秒

⑤ 显示　角色显示

间随机选一个数

脚本　造型　声音

运动　事件
外观　控制
声音　侦测
画笔　运算
数据　更多积木

移动 10 步
右转 ↻ 15 度
左转 ↺ 15 度

面向 90▾ 方向
面向 鼠标指针▾

移到 x: 187 y: -26
移到 鼠标指针▾

在 1 秒内滑行到 x: 187 y: -2

将x坐标增加 10
将x坐标设定为 0
将y坐标增加 10
将y坐标设定为 0

分享　↻ 查看项目页

x: 167
y: -26

当接收到 游戏开始▾
重复执行 10 次
隐藏
移到 x: 在 -200 到 200 间随机选一个数 y: 在 -160 到 160 间随机选一个数
显示
等待 2 秒

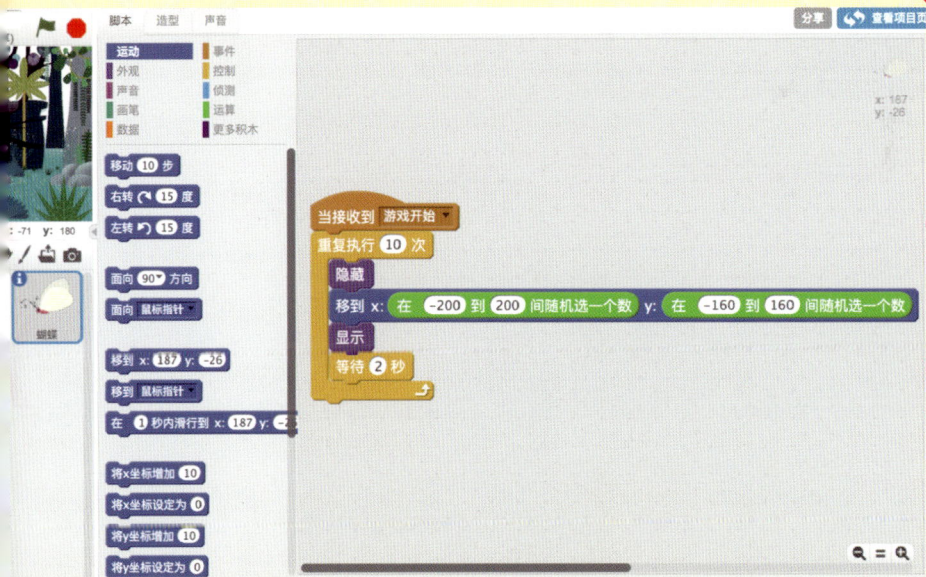

蝴蝶

判断蝴蝶是否被抓住

蝴蝶被抓住

在角色列表中选择**蝴蝶**角色，当蝴蝶被点击时，播放声音并隐藏，然后将**抓住蝴蝶的数量**加1，并且将抓住蝴蝶的消息通知给**小狐狸**。

1. 在**事件**脚本类型中，拖动脚本 当角色被点击时 到编程区。

2. 当**蝴蝶**角色被点击时，播放声音提示蝴蝶被抓住。在**声音**脚本类型中，拖动脚本 播放声音 啵，在下拉输入框中选择声音**啵**。

```
当角色被点击时
播放声音 啵
隐藏
将 抓住蝴蝶的数量 增加 1
广播 抓住蝴蝶
```

3. 在**外观**脚本类型中，拖动脚本 隐藏，隐藏被点击的**蝴蝶**角色。

抓住蝴蝶

广播消息

接收消息

4. 在数据脚本类型中，拖动脚本 将 抓住蝴蝶的数量 增加 1 ，在下拉输入框中选择**抓住蝴蝶的数量**，在数值输入框中输入**1**，表示将**抓住蝴蝶的数量**的变量值在原数值上增加1。

5. 为了将抓住蝴蝶的消息通知给**小狐狸**角色，在**事件**脚本类型中，拖动脚本 广播 抓住蝴蝶 ，在下拉输入框中选择**抓住蝴蝶**。

蝴蝶被抓住的代码操作流程图。

蝴蝶

⑤ 广播 抓住蝴蝶 ▼

广播抓住蝴蝶消息

① 增加抓住蝴蝶的数量 ④

将 抓住蝴蝶的数量 ▼ 增加 1

当角色被点击时

变量名：抓住蝴蝶的数量

启动脚本

② 角色隐藏

播放声音 啵 ▼ ③ 隐藏

播放音乐

蝴蝶相关的脚本图。

事件	
控制	
侦测	
运算	
更多积木	

当接收到 游戏开始▼

重复执行 10 次

隐藏

移到 x: 在 -200 到 200 间随机选一个数 y: 在 -160 到 160 间随机选一个数

显示

等待 2 秒

x: 187
y: -26

当角色被点击时

播放声音 啵▼

隐藏

将 抓住蝴蝶的数量▼ 增加 1

广播 抓住蝴蝶▼

小狐狸提示抓住蝴蝶的数量

在角色列表中选择 **小狐狸** 角色，当每次收到 **抓到蝴蝶** 消息时，小狐狸需要说 **抓到了多少只蝴蝶！**，而抓住蝴蝶的数量是由 **抓住蝴蝶的数量** 中变量值记录的，因此，这个程序要分成 **抓住了 + 抓住蝴蝶的数量 + 只蝴蝶！** 3 个字串，并将 3 个字串连接起来，组合成一个完整的程序。

如何让两个或两个以上的字串连接成一个新的字串呢？

这就需要使用 Scratch 的 **字串组合脚本**：

连接 hello 和 world

字串组合脚本可以将左侧文本输入框中的字串和右侧文本输入框中的字串连接起来，如左侧是 *hello*，右侧是 *world*，使用字串组合脚本后，组合后的新字串是 *helloworld*。

如果要想将两个以上的字串连接在一起该怎么办呢？可以在字串组合脚本的输入框中放置另外的字串组合脚本，例如：要连接 3 个字串，可以这样做：

连接 hello 和 连接 hello 和 world

组合后的新字串是 *hellohelloworld*。

小朋友，如果要组合成 *helloworldhelloworld*，该如何连接字串呢？

小狐狸

1. 在**事件**脚本类型中，拖动脚本 `当接收到 抓住蝴蝶▼` 到编程区，在下拉输入框中选择**抓住蝴蝶**。

`当接收到 抓住蝴蝶▼`

`说 连接 抓住了 和 连接 抓住蝴蝶的数量 和 只蝴蝶! 2 秒`

2. 下面，我们将**抓住了 + 抓住蝴蝶的数量 + 只蝴蝶！** 3 个字串组合成一个新的句子，让**小狐狸**说出来。在**外观**脚本类型中，拖动脚本 `说 Hello! 2 秒` 。还记得如何将 3 个字串组合成一个新的字串吗？在文本输入框中 2 次拖入**运算**脚本类型中字串组合脚本 `连接 hello 和 连接 hello 和 world` ，在左侧文本框中输入**抓住了**，在右侧文本框中输入**只蝴蝶！**，抓住蝴蝶的数量是由变量来记录的，在中间文本框中拖入数据脚本类型中的变量，形成组合脚本 `说 连接 抓住了 和 连接 抓住蝴蝶的数量 和 只蝴蝶! 2 秒` 。

小狐狸提示抓住蝴蝶的数量的代码操作流程图。

小狐狸

① 启动脚本

`当接收到 抓住蝴蝶▼`

② 说

`说 连接 抓住了 和 连接 抓住蝴蝶的数量 和 只蝴蝶! 2 秒`

游戏结束时判断小狐狸是否抓到了 8 只以上的蝴蝶

怎么知道游戏什么时间结束呢？还记得在游戏开始时小狐狸介绍完游戏规则后是如何宣布游戏开始的吗？是使用了 **广播消息并等待** 脚本，一直等到所有的 10 只蝴蝶都出现后，游戏才结束，这时就可以判断小狐狸抓到了多少只蝴蝶了。

因此，我们可以在 **小狐狸** 角色中的 **广播消息并等待** 脚本后，来继续编写判断小狐狸抓到了多少只蝴蝶的脚本。

在角色列表中选择 **小狐狸** 角色。

小狐狸

如果 抓住蝴蝶的数量 > 7 那么

说 连接 成功地抓住了 和 连接 抓住蝴蝶的数量

说 让我们进入下一个游戏吧！ 2 秒

否则

说 失败了！还要继续努力啊！ 2 秒

1. 在 **控制** 脚本类型中，拖动脚本 如果 那么 否则 到编程区。

2. 判断条件：当游戏结算时，**抓住蝴蝶的数量**变量记录了**小狐狸**抓住了多少只蝴蝶。因此，只要判断**抓住蝴蝶的数量**变量的值是否大于 7 即可。在条件判断脚本的判断条件中拖入**运算**脚本类型中的比较运算脚本 ![◁□=□▷]，在比较运算脚本的左侧文本框中拖入**数据**脚本类型中的 ![抓住蝴蝶的数量]，右侧文本框中输入 7，形成组合脚本 ![如果 抓住蝴蝶的数量 > 7 那么 / 否则]。

3. 满足条件的脚本块：当抓住蝴蝶的数量大于 7 时，**小狐狸**说**成功地抓到了 n 只蝴蝶！让我们进入下一个游戏吧！**。小狐狸的话可以分成**成功地抓到了 + 抓住蝴蝶的数量 + 只蝴蝶！** 3 个字串组成。在**外观**脚本类型中，拖动脚本 ![说 Hello! 2 秒]，在文本框中 2 次拖入**运算**脚本类型中字串组合脚本 ![连接 hello 和 连接 hello 和 world]，在左侧文本框中输入**成功地抓住了**，在右侧文本框中输入**只蝴蝶！**，在中间文本框中拖入**数据**脚本类型中的 ![抓住蝴蝶的数量]，形成组合脚本 ![说 连接 成功地抓住了 和 连接 抓住蝴蝶的数量 和 只蝴蝶！ 2 秒]。在**外观**脚本类型中，拖动脚本 ![说 Hello! 2 秒]，文本框中输入**让我们进入下一个游戏吧！**，数值框中输入**2**，表示说话内容显示时间为 2 秒钟。

4. 不满足条件的脚本块：在**外观**脚本类型中，拖动脚本 ![说 Hello! 2 秒]，文本框中输入**失败了！还要继续努力啊！**，数值框中输入**2**，表示说话内容显示时间为 2 秒钟。

69

游戏结束时判断小狐狸是否抓到了 8 只以上的蝴蝶的流程图。

1

当 🚩 被点击

启动脚本

小狐狸

2

说 Hello! 2 秒

输入说的内容
设置时间值

游戏结束时判断小狐狸是否抓到了 8 只以上的蝴蝶，脚本如下图所示。

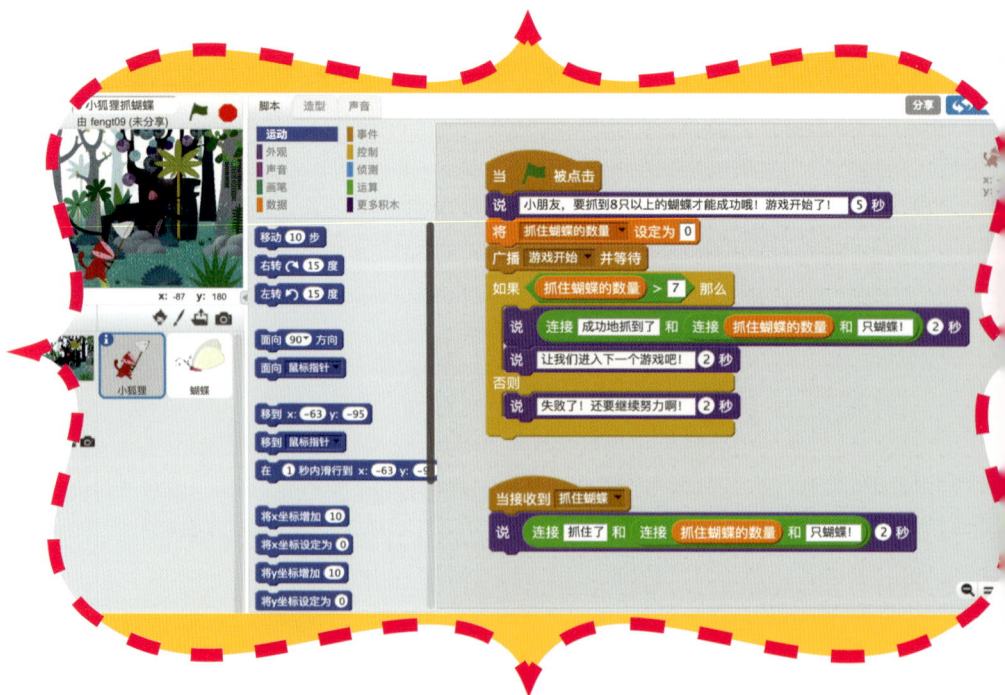

3　设定变量初值为 0
　　设置变量名

将 [抓住蝴蝶的数量 ▼] 设定为 [0]

4　广播 [游戏开始 ▼] 并等待　　广播消息并等待

5

如果 ⟨[抓住蝴蝶的数量] > [7]⟩ 那么

否则

判断抓住蝴蝶的
数量是否大于 7

?

那么 ／ 真　　　　佑刻 ／ 假

6

连接 [成功地抓住了] 和 ⟨连接 [抓住蝴蝶的数量] 和 [只蝴蝶！]⟩ [2] 秒

[让我们进入下一个游戏吧！] [2] 秒

满足条件的脚本

7

说 [失败了！还要继续努力啊！] [2] 秒

不满足条件的脚本

71

　　绿坦不愧是最聪明的猫，小香肠也没有白吃，认真观察了一会儿，绿坦发现，那些蝴蝶的花纹非常独特，好像是某种未知的符号。

　　不管怎么样，先捉几只再说。绿坦马上解下围巾，做了一个简易的捕网，拿在手里上下挥舞。费了九牛二虎之力，累得气喘吁吁，终于捕到了几只。再一研究，绿坦吃惊地发现，那些蝴蝶翅膀上的奇特花纹竟然是僵尸星球文字，而那独特的符号里，就隐藏着开启铁门的密码。

　　"哈！我简直是绝顶聪明，聪明绝顶！"绿坦骄傲地拍拍胸脯，顺手又摸出一根小香肠，作为给自己的奖赏，然后胸有成竹地轻轻拍打铁门上的蝴蝶图案，"啪，啪，啪……"，随着八声脆响，大铁门"吱嘎"一声，缓缓地打开了。

　　绿坦眯着眼睛，昂首挺胸地慢慢踱过去，满以为马上就能找到囚禁校长的小岛，可是睁眼一看，眼前却是一望无际的大海，海面风平浪静，看不到一只鸟，当然也没有船。近前的沙滩上有一个巨大的铁球。

　　绿坦面对无边的大海，又会遭遇哪些危险呢？他最终能够找到那个神秘的小岛吗？

海底寻宝

73

海底寻宝

　　在大海的深处有4个发音宝箱，4个宝箱分别发出哆（1）、来（2）、咪（3）、哆（1），还有5个会发出音符的贝壳，5个贝壳分别发出哆（1）、来（2）、咪（3）、发（4）、哆（1）。小朋友通过点击宝箱来判断是哪个音符，然后将相同音符的贝壳拖到宝箱里，如果正确，宝箱会打开，当4个宝箱都打开后会播放哆（1）、来（2）、咪（3）、哆（1）、哆（1）、来（2）、咪（3）、哆（1）。

　　在这个游戏中，程序设计上可以分为6个步骤：显示贝壳、点击贝壳播放音符、显示宝箱、点击宝箱播放音符、判断贝壳的音符与宝箱是否匹配、宝箱全部打开后播放音乐。

1. 显示贝壳

游戏开始时，将 5 个**贝壳**分散地显示在海底的不同地方，并且每个贝壳的初始造型为"关闭"。

2. 点击贝壳弹奏音符

当点击贝壳时，贝壳角色切换为另一种造型，将贝壳打开，并且用钢琴弹奏音符。

贝壳角色：　　　　　　　　　　　弹奏音符：

 　哆（1）

 　来（2）

 　咪（3）

 　发（4）

 　哆（1）

3. 显示宝箱

　　游戏开始时，将 4 个**宝箱**分散地显示在海底的不同地方，并且选择第 1 个宝箱造型，也就是宝箱关闭的造型。

4. 点击宝箱弹奏音符

　　当点击宝箱时，宝箱角色用钢琴弹奏音符。4 个宝箱分别弹奏哆（1）、来（2）、咪（3）、哆（1）。

宝箱角色：　　　　　　　　　　　　弹奏音符：

1　　　　　　　哆（1）

　　　　　　　　　　　来（2）

2　　　　　　　咪（3）

　　　　　　　　　　　哆（1）

3

4

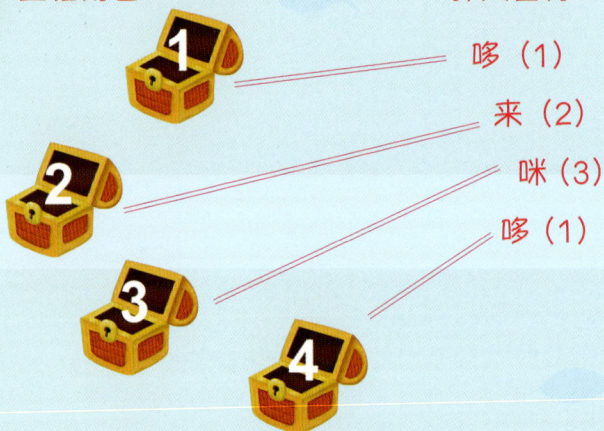

5. 判断贝壳的音符与宝箱是否匹配

　　在这个游戏中，将**贝壳**拖动到**宝箱**上，如果贝壳的音符与宝箱的音符是匹配的，那么宝箱将会打开，贝壳会隐藏，表示贝壳放进宝箱中。如果不匹配，那么贝壳和宝箱都没有变化。

在这个游戏中有三种类型的贝壳

·一个贝壳与多个宝箱的音符相对应，如贝壳 1 与宝箱 1 和宝箱 4，贝壳 5 与宝箱 1 和宝箱 4；

·单个贝壳与单个宝箱的音符相对应，如贝壳 2 与宝箱 2、贝壳 3 与宝箱 3；

·一个贝壳与任何一个宝箱都不匹配，如贝壳 4。

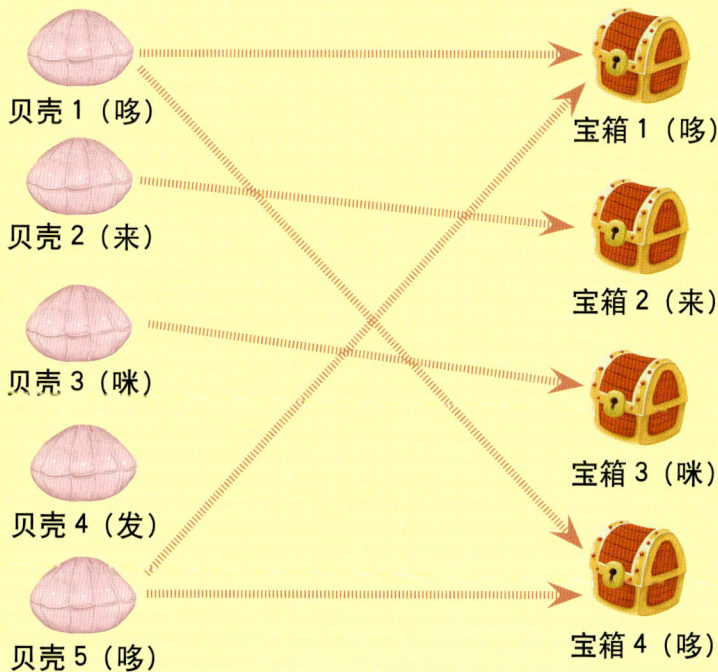

贝壳 1（哆）　　　　宝箱 1（哆）

贝壳 2（来）　　　　宝箱 2（来）

贝壳 3（咪）　　　　宝箱 3（咪）

贝壳 4（发）　　　　宝箱 4（哆）

贝壳 5（哆）

6. 宝箱全部打开后弹奏音乐

判断 4 个宝箱是否全部被打开后，如果全部打开，那么弹奏音乐哆（1）、来（2）、咪（3）、哆（1）、哆（1）、来（2）、咪（3）、哆（1），游戏结束。如果没有，那么继续游戏。

在这里，需要记录游戏中有多少个宝箱被打开，因此，在程序中需要新建一个记录**打开宝箱数量**的变量，当每次有宝箱被打开时，将变量的值加 1。

- 如何使用播放音乐脚本弹奏不同音符？
- 如何使用侦测脚本类型判断一个角色是否与其他角色相匹配？
- 复习角色造型的概念及变换造型的方法。

导入背景和角色

在线 Scratch 编辑器：在菜单中点击**文件**，在下拉菜单中点击**从计算机中上传**，编辑器打开文件选择对话框，选择 **4 海底寻宝－背景角色 .sb2**，编辑器会将本地只包含了背景和角色的 Scratch 文件上传到在线 Scratch 编辑器。

离线 *Scratch* 编辑器：在菜单中点击 **文件**，在下拉菜单中点击 **打开**，编辑器打开文件选择对话框，选择 **4 海底寻宝 - 背景角色 .sb2**，编辑器会打开只包含了背景和角色的 Scratch 文件。

导入背景和角色后，在背景列表中已经添加了 **神秘海底** 背景图片，在角色列表中已经添加了 **贝壳 1-5**、**宝箱 1-4** 共 9 个角色。

每一个角色都有两个造型，**贝壳** 角色包括贝壳关闭和贝壳打开两个造型，**宝箱** 角色包括宝箱关闭和宝箱打开两个造型。

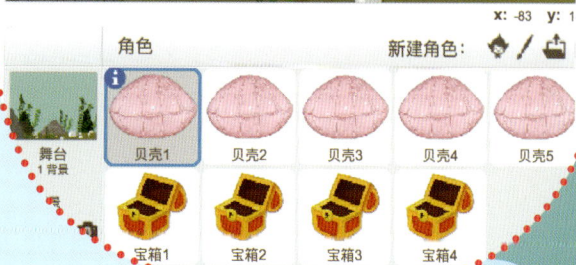

x: -83 y: 1

角色   新建角色：

舞台
1背景   贝壳1   贝壳2   贝壳3   贝壳4   贝壳5

宝箱1   宝箱2   宝箱3   宝箱4

建立宝箱打开数量变量

选择 **数据** 脚本类型，单击建立一个变量按钮。

① 选择数据脚本类型

外观
声音
画笔   运
数据

点击"建立一个变量"

建立一个变量

建立一个列表

② 在变量名称框内输入"宝箱打开数量"

新建变量

变量名：宝箱打开数量

● 适用于所有角色   ○ 仅适

确定   取

点击"确定"

③

立一个变量

☑ 宝箱打开数量

将 宝箱打开数量 ▼ 设定为 0

将 宝箱打开数量 ▼ 增加 1

显示变量 宝箱打开数量 ▼

隐藏变量 宝箱打开数量 ▼

舞台区出现"宝箱打开数量"数值框

v460

宝箱打开数量 0

在 **数据** 脚本类型下，增加了 **宝箱打开数量** 变量和一些用来操作 **宝箱打开数量** 变量的脚本。

显示贝壳

显示贝壳1

贝壳1

1. 在**事件**脚本类型中，拖动脚本 `当 ▶ 被点击` 到编程区。这样，当单击舞台上方的绿旗标识 ▶ 时就可以启动程序。

2. 在**数据**脚本类型中，拖动脚本 `将 宝箱打开数量▼ 设定为 0` ，下拉框中选择**宝箱打开数量**，文本框中输入 **0**，表示设置**宝箱打开数量**变量值为0，也就是说在程序启动时1个宝箱都没有打开。

`当 ▶ 被点击`

`将 宝箱打开数量▼ 设定为 0`

`移到 x: 207 y: -54`

`显示`

3. 在**运动**脚本类型中，拖动脚本 `移到 x: 0 y: 0` ，在第一个数值输入框中输入 **207**，在第二个数值输入框中输入 **−54**。贝壳的位置可以在海底随意摆放，确定好位置后，记录下舞台中的坐标就可以了。这里，贝壳1的位置为 *x:207 y:−54*。

4. 在**外观**脚本类型中，拖动脚本 `显示`，保证程序启动时，贝壳1始终显示在海底。

81

显示贝壳1的代码操作流程图。

① 当 🚩 被点击
启动脚本

贝壳1

② 将 宝箱打开数量▼ 设定为 0

③ 移到 x: 0 y: 0
可以自己设置 x、y 的数值

角色显示 ④

显示

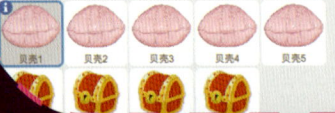

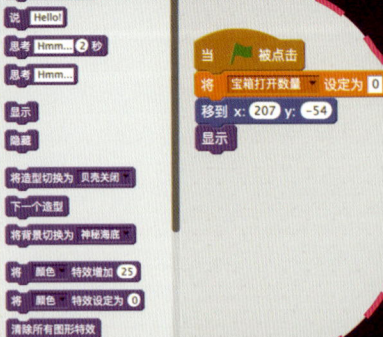

显示其他贝壳

贝壳2、**贝壳3**、**贝壳4**、**贝壳5** 这 4 个角色，与**贝壳1**在海底显示的程序基本一致，差别是在海底中显示的位置不同。

在这里，我们给出了其他 4 个贝壳的位置坐标。你也可以自己随意设定哟。

贝壳角色	海底中的位置	
贝壳2	x：-179	y：-50
贝壳3	x：94	y：-50
贝壳4	x：-30	y：-63
贝壳5	x：154	y：55

点击贝壳弹奏音符

点击贝壳 1 弹奏音符哆

在角色列表中，选择**贝壳 1**角色。当点击**贝壳 1**角色时，会打开贝壳，播放音符哆（1）后，再关闭贝壳。

贝壳 1

1. 在**事件**脚本类型中，拖动脚本 当角色被点击时 到编程区，这样，当点击**贝壳 1**角色时，会执行后面的脚本。

```
当角色被点击时
将造型切换为 贝壳打开
演奏乐器设为 1
弹奏音符 60 0.5 拍
将造型切换为 贝壳关闭
```

2. 在**外观**脚本类型中，拖动脚本 将造型切换为 贝壳打开 ，在下拉框中选择**贝壳打开**，切换成贝壳打开的造型。

3. 在**声音**脚本类型中，拖动脚本 演奏乐器设为 1 ，在下拉框中选择**（1）钢琴**，就是弹奏音符的乐器为钢琴。

4. 在 **声音** 脚本类型中，拖动脚本 `弹奏音符 60▾ 0.5 拍`，在下拉框中选择 **A**（**60**），在数值输入框中输入 **0.5**，按半拍弹奏音符哆。

5. 在 **外观** 脚本类型中，拖动脚本 `将造型切换为 贝壳关闭▾`，在下拉框中选择 **贝壳关闭**，弹奏音符后切换造型将贝壳关闭。

点击贝壳 1 弹奏音符哆的代码操作流程图。

① 当角色被点击时

启动脚本

贝壳 1

② 切换造型

将造型切换为 贝壳打开 ▾

③

演奏乐器设为 1 ▾

选择乐器

外观	控制
声音	侦测
画笔	运算
数据	更多积木

播放声音 pop ▾

播放声音 pop ▾ 直到播放完毕

停止所有声音

弹奏鼓声 1 ▾ 0.25 拍

休止 0.25 拍

弹奏音符 60 ▾ 0.5 拍

演奏乐器设为 1 ▾

将音量增加 −10

将音量设定为 100

☐ 音量

将演奏速度加快 20

将演奏速度设定为 60 bpm

☐ 演奏速度

书包

当角色被点击时
将造型切换为 贝壳打开
演奏乐器设为 1 ▾
弹奏音符 60 ▾ 0.5 拍
将造型切换为 贝壳关闭

x: -134 y: 180

角色　　　　　　　　　新建角色：

贝壳1　贝壳2　贝壳3　贝壳4　贝壳5

宝箱3　宝箱4

④

切换造型

弹奏音符 `60` `0.5` 拍

将造型切换为 贝壳关闭

弹奏音符

点击其他贝壳弹奏音符

贝壳2、贝壳3、贝壳4、贝壳5，与贝壳1弹奏音符哆的程序基本一致，差别在弹奏音符不一样。这4个贝壳弹奏的音符分别为 **来（2）**、**咪（3）**、**发（4）**、**哆（1）**，乐器都为（1）**钢琴**，节拍值都为 **0.5**。

贝壳角色	演奏乐器	弹奏音符	节拍
贝壳2	（1）钢琴	D（62）	0.5
贝壳3	（1）钢琴	E（64）	0.5
贝壳4	（1）钢琴	F（65）	0.5
贝壳5	（1）钢琴	中央（60）	0.5

显示宝箱

显示宝箱1

宝箱1

在角色列表中，选择**宝箱1**角色。

1. 在**事件**脚本类型中，拖动脚本 `当 ▶ 被点击` 到编程区。这样，当单击舞台上方的绿旗标识 ▶ 时就可以启动程序运行。

```
当 ▶ 被点击
移到 x: -90 y: -131
将造型切换为 宝箱关闭 ▼
```

2. 在**运动**脚本类型中，拖动脚本 `移到 x: 0 y: 0`，在第一个数值框中输入**−90**，在第二个数值框中输入**−131**。宝箱的位置可以在海底随意摆放，确定好位置后，记录下舞台中的坐标就可以了。这里，宝箱1的位置为 *x:−90 y:−131*。

3. 在**外观**脚本类型中，拖动脚本 `将造型切换为 宝箱关闭`，在下拉框中选择**宝箱关闭**。这样，每次程序启动时，保持宝箱1关闭。

显示宝箱1的代码操作流程图。

① 启动脚本

当 🚩 被点击

② 在海底的位置
x：−90　y：−131

移到 x：**0** y：**0**

③

将造型切换为 宝箱关闭 ▾

切换造型

显示其他宝箱

　　在角色列表中，**宝箱2**、**宝箱3**、**宝箱4**与**宝箱1**在海底中显示位置的程序基本一致，差别在海底中显示的位置不一样。在这里，我们给出了其他3个宝箱的位置坐标。你也可以自己随意设定哟。

宝箱角色	海底中的位置	
宝箱2	x：6	y：-154
宝箱3	x：79	y：-124
宝箱4	x：192	y：-150

点击宝箱弹奏音符

点击宝箱1弹奏音符哟

在角色列表中，选择**宝箱1**角色。

宝箱1

1. 在**事件**脚本类型中，拖动脚本 当角色被点击时 到编程区，这样，当点击**宝箱1**角色时，会播放音符。

当角色被点击时
演奏乐器设为 1▾
弹奏音符 60▾ 0.5 拍

2. 在**声音**脚本类型中，拖动脚本 演奏乐器设为 1▾ ，在下拉框中选择**1 钢琴**，选择弹奏音符的乐器为钢琴。

3. 在**声音**脚本类型中，拖动脚本 弹奏音符 60▾ 0.5 拍 ，在下拉框中选择**中央（60）**，在数值输入框中输入**0.5**，按半拍弹奏音符哟。

点击宝箱 1 弹奏音符哆的代码操作流程图。

宝箱 1

①

当角色被点击时

启动脚本

②

演奏乐器设为 1▾

选择乐器

播放音乐 **③**

弹奏音符 60▾ 0.5 拍

点击其他宝箱弹奏音符

　　在角色列表中，**宝箱 2**、**宝箱 3**、**宝箱 4** 与点击宝箱 1 弹奏音符哆的程序基本一致，差别在弹奏音符不一样。其他 3 个宝箱弹奏的音符为 **来（2）**、**咪（3）**、**哆（1）**，乐器都为 **1 钢琴**，节拍都为半拍。

宝箱角色	演奏乐器	弹奏音符	节拍
宝箱 2	（1）钢琴	D（62）	0.5
宝箱 3	（1）钢琴	E（64）	0.5
宝箱 4	（1）钢琴	中央（60）	0.5

判断贝壳的音符与宝箱是否匹配

当一个贝壳与多个宝箱的音符对应时

贝壳 1

判断贝壳 1 的音符与宝箱 1 或宝箱 4 是否匹配

在角色列表中，选择 **贝壳 1** 角色。

在显示贝壳 1 的脚本块后进行补充，判断贝壳 1 的音符与宝箱 1 或宝箱 4 的脚本块是否匹配。

贝壳 1 与宝箱 1 或宝箱 4 的音符是否匹配是通过拖动贝壳 1 到宝箱 1 或宝箱 4 中判断出来的。

是否碰到

是否碰到

贝壳 1

宝箱 1

宝箱 4

在 Scratch 中，如何确定一个角色碰到了另一个角色？

碰到 鼠标▼ ？

Scratch 提供了 **碰到** 脚本。通过使用这个脚本，当一个角色碰到了另一个角色，得到一个正确的值，在程序中被称之为 **真**，否则，得到一个错误的值，在程序中被称之为 **假**。

在**碰到**脚本的下拉框中有 3 类选项

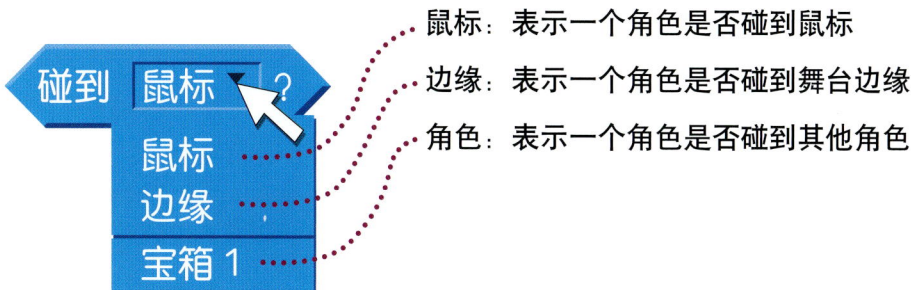

鼠标：表示一个角色是否碰到鼠标

边缘：表示一个角色是否碰到舞台边缘

角色：表示一个角色是否碰到其他角色

首先，为**贝壳1**是否碰到**宝箱1**设置一个**循环停止条件**：4 个宝箱全部都要打开，那么**宝箱打开数量**变量值为**4**。

1. 在**控制**脚本类型中，拖动循环脚本 到**显示贝壳1**的脚本块下。

2. 在停止循环的条件框中拖入**运算**脚本类型中的比较运算脚本 ，在比较运算符的左侧框中拖入变量 宝箱打开数量 ，右侧框输入**4**，形成组合脚本：

重复执行直到　宝箱打开数量 = 4

这个组合脚本，表示 4 个宝箱都打开时循环结束。

如何能让宝箱打开呢？这就要在循环脚本块中实现这个目的了。

3. 循环脚本块：

判断**贝壳1**是否碰到**宝箱1**。

1. 在控制脚本类型中，拖动脚本 `如果 那么` 到循环脚本块内。

2. 判断条件：在判断条件框中拖入**侦测**脚本类型中的 `碰到 鼠标?`，在下拉框中选择**宝箱1**，形成组合脚本 `如果 碰到 宝箱1 ? 那么`。

这样，如果**贝壳1**碰到**宝箱1**，则执行满足条件的脚本块。

```
如果 碰到 宝箱1 ? 那么
    隐藏
    广播 宝箱1正确
```

3. 满足条件的脚本块：在外观脚本类型中，拖动 `隐藏` 脚本，在**事件**脚本类型中，拖动 `广播 宝箱1正确`，在下拉框中选择**新消息…**，新建宝箱1正确消息。这样，如果**贝壳1**碰到**宝箱1**，隐藏**贝壳1**，同时通知**宝箱1正确**的消息。

判断**贝壳1**是否碰到**宝箱4**的脚本与**贝壳1**是否碰到**宝箱1**的程序基本相同。

判断条件**宝箱1**换为**宝箱4**。

判断**贝壳1**的音符与**宝箱1**或**宝箱4**是否匹配的完整脚本图：

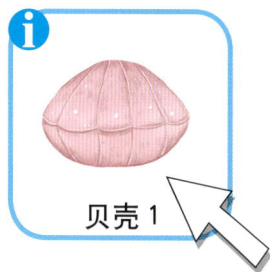

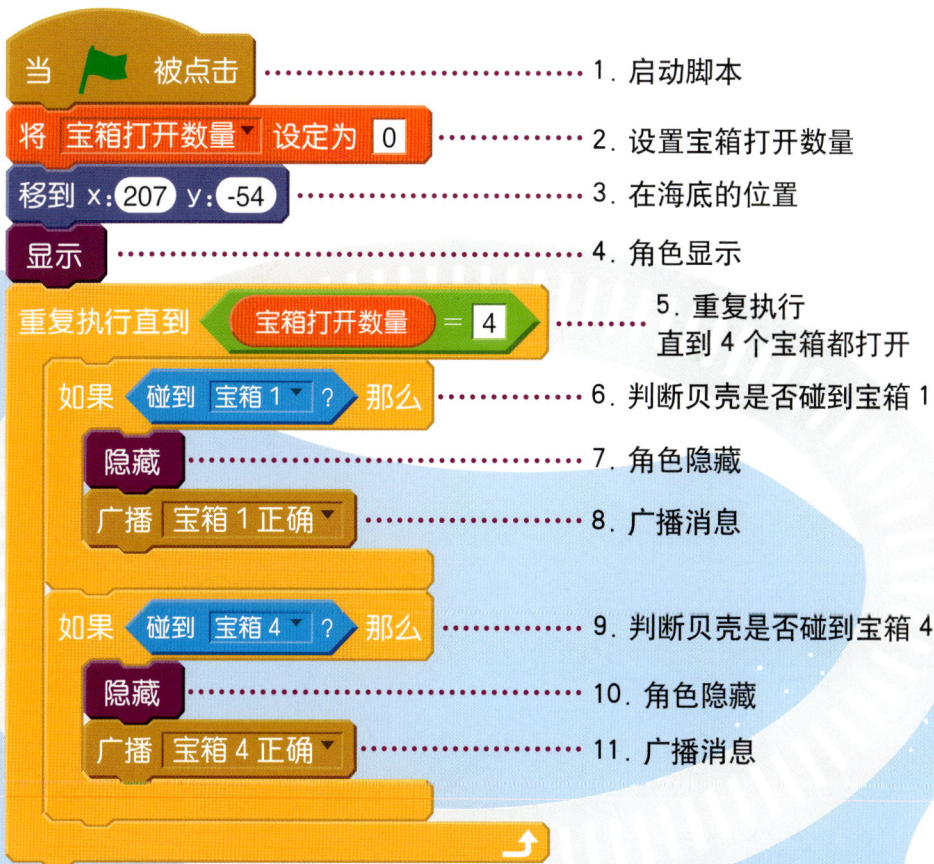

贝壳1

当 🏳 被点击 ········· 1. 启动脚本

将 宝箱打开数量 设定为 0 ········· 2. 设置宝箱打开数量

移到 x:207 y:-54 ········· 3. 在海底的位置

显示 ········· 4. 角色显示

重复执行直到 宝箱打开数量 = 4 ········· 5. 重复执行直到4个宝箱都打开

如果 碰到 宝箱1 ？ 那么 ········· 6. 判断贝壳是否碰到宝箱1

隐藏 ········· 7. 角色隐藏

广播 宝箱1正确 ········· 8. 广播消息

如果 碰到 宝箱4 ？ 那么 ········· 9. 判断贝壳是否碰到宝箱4

隐藏 ········· 10. 角色隐藏

广播 宝箱4正确 ········· 11. 广播消息

判断贝壳 5 的音符与宝箱 1 或宝箱 4 是否匹配

在角色列表中，选择**贝壳 5** 角色。

首先，显示**贝壳 5** 角色。

然后，判断**贝壳 5** 所发出的音符是否与**宝箱 1** 或**宝箱 4** 相匹配，判断脚本与之前判断**贝壳 1** 所发出的音符与**宝箱 1** 或**宝箱 4** 是否**相匹配**的脚本相同。

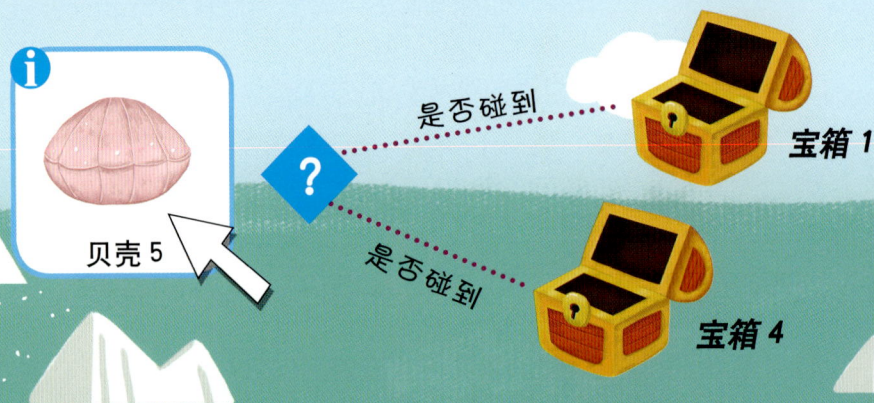

贝壳 5

是否碰到 ⋯ 宝箱 1

是否碰到 ⋯ 宝箱 4

当一个贝壳与一个宝箱的音符对应时

判断贝壳2的音符与宝箱2是否匹配

在角色列表中，选择**贝壳2**角色。

在显示贝壳2的脚本块后进行补充，判断贝壳2的音符与宝箱2的脚本块是否匹配。

贝壳2与宝箱2的音符是否匹配是通过拖动贝壳2到宝箱2判断出来的。

判断与**贝壳2**是否碰到**宝箱2**，与*判断贝壳1的音符与宝箱1是否匹配*的程序相同，其完整的脚本程序如下图：

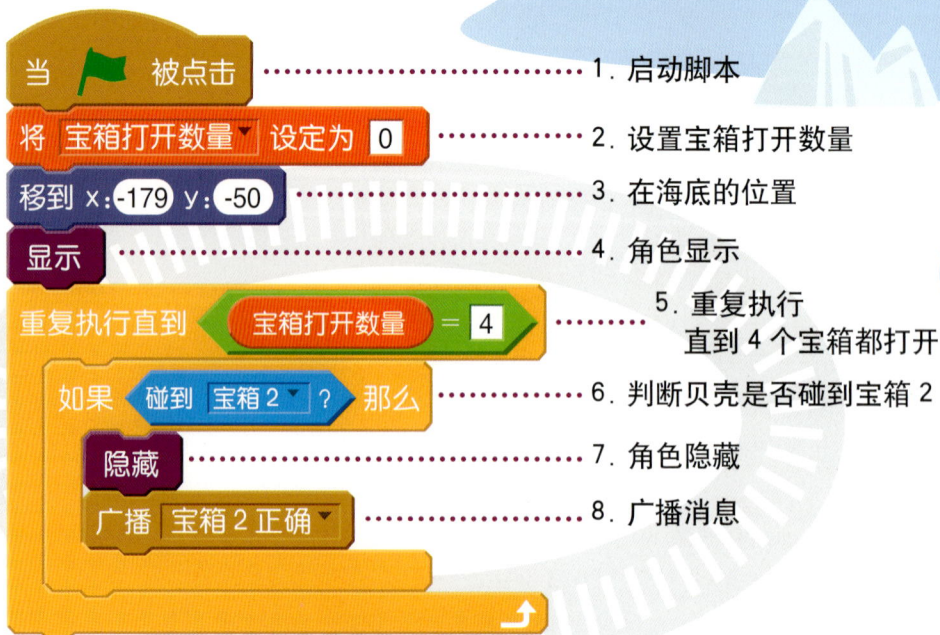

1. 启动脚本
2. 设置宝箱打开数量
3. 在海底的位置
4. 角色显示
5. 重复执行直到4个宝箱都打开
6. 判断贝壳是否碰到宝箱2
7. 角色隐藏
8. 广播消息

判断贝壳 3 的音符与宝箱 3 是否匹配

在角色列表中，选择**贝壳 3**角色。

判断贝壳 3 的音符与宝箱 3 是否匹配的程序与判断贝壳 2 的音符与宝箱 2 是否匹配的程序基本一致，差别在：

· 判断条件是**贝壳 3** 碰到**宝箱 3**。

· 满足条件的脚本块中广播消息中选择**新消息**，新建**宝箱 3 正确**。

是否碰到

贝壳 3

?

宝箱 3

如果贝壳没有与它相对应的宝箱时

在角色列表中，选择**贝壳 4**角色。由于**贝壳 4**弹奏的音符没有与任何宝箱相对应，因此没有判断贝壳 4 的音符与宝箱是否匹配的程序。

宝箱全部打开后弹奏音乐

宝箱收到判断正确的消息

宝箱1收到正确消息

在角色列表中，选择**宝箱1**角色。当收到**宝箱1正确**的消息后，**宝箱1**打开，同时将宝箱打开数量加1。

1. 在**事件**脚本类型中，拖动脚本 `当接收到 宝箱1正确▼` 到编程区，在下拉框中选择**宝箱1正确**，这样，当**宝箱1**的角色收到由**贝壳1**或**贝壳5**发出的**宝箱1正确**的消息时，就会执行下面的脚本。

```
当接收到 宝箱1正确▼
将造型切换为 宝箱打开▼
将 宝箱打开数量▼ 增加 1
```

2. 在**外观**脚本类型中，拖动脚本 `将造型切换为 宝箱打开`，在下拉框中选择**宝箱打开**造型。

3. 在**数据**脚本类型中，拖动脚本 `将 宝箱打开数量▼ 增加 1`，这样，在收到**宝箱1正确**消息时，将**宝箱打开数量**变量值增加1。

宝箱 1 收到正确消息的代码操作流程图。

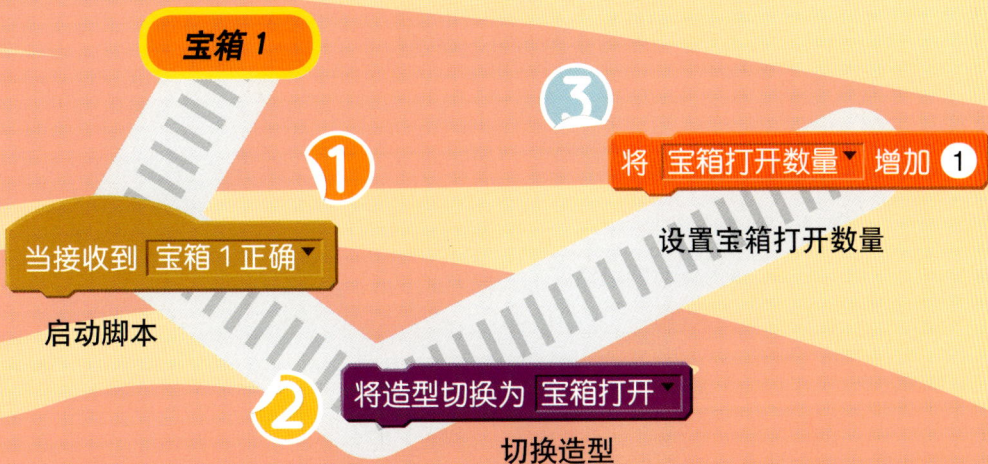

宝箱 1

③ 将 宝箱打开数量▾ 增加 1

设置宝箱打开数量

① 当接收到 宝箱1正确▾

启动脚本

② 将造型切换为 宝箱打开▾

切换造型

外观　　控制
声音　　侦测
画笔　　运算
数据　　更多积木

建立一个变量

☐ 宝箱打开数量

将 宝箱打开数量▾ 设定为 0
将 宝箱打开数量▾ 增加 1
显示变量 宝箱打开数量▾
隐藏变量 宝箱打开数量▾

建立一个列表

当接收到 宝箱1正确▾
将造型切换为 宝箱打开▾
将 宝箱打开数量▾ 增加 1

x: 240　y: 29

角色　　　　　　新建角色：

舞台　贝壳1　贝壳2　贝壳3　贝壳4　贝壳5
1 背景

宝箱1　宝箱2　宝箱3　宝箱4

书包

宝箱收到正确消息的程序

在角色列表中，依次选择**宝箱2**、**宝箱3**、**宝箱4**3个宝箱角色。

当3个宝箱角色获得判断正确的消息后，与**宝箱1**收到正确消息的程序基本一致。

宝箱全部打开后弹奏音符

在角色列表中，选择**宝箱1**角色。在循环脚本块后补充宝箱全部都打开后的脚本，弹奏两遍每个宝箱的音符：哆（1）、来（2）、咪（3）、哆（1）、哆（1）、来（2）、咪（3）、哆（1）。

1. 在**控制**脚本类型中，拖动脚本 重复执行 2 次，在数值框中输入 2，表示执行两次循环体中的脚本块。

重复执行 2 次
　弹奏音符 60▾ 0.5 拍
　弹奏音符 62▾ 0.5 拍
　弹奏音符 64▾ 0.5 拍
　弹奏音符 60▾ 0.5 拍

2. 循环体脚本块：在声音脚本类型中，拖入4个脚本 弹奏音符 60▾ 0.5 拍，在下拉框中依次选择音符为**中央（60）**、D（62）、E（64）、**中央（60）**，在数值框中都输入0.5。

当 🏳 被点击

将 宝箱打开数量▼ 设定为 0

移到 x: 207 y: -54

显示

重复执行直到 宝箱打开数量 = 4

如果 碰到 宝箱1▼ ? 那么

隐藏

广播 宝箱1正确▼

如果 碰到 宝箱4▼ ? 那么

隐藏

广播 宝箱4正确▼

重复执行 2 次

弹奏音符 60▼ 0.5 拍

弹奏音符 62▼ 0.5 拍

弹奏音符 64▼ 0.5 拍

弹奏音符 60▼ 0.5 拍

宝箱全部打开后弹奏音符的代码操作流程图。

1. 启动脚本

2. 设置宝箱打开数量

3. 在海底的位置

4. 角色显示

5. 重复执行直到 4 个宝箱都打开

6. 判断贝壳是否碰到宝箱 1

7. 角色隐藏

8. 广播消息

9. 判断贝壳是否碰到宝箱 4

10. 角色隐藏

11. 广播消息

12. 重复执行

13. 播放音乐

潜水艇的速度可真快，比火车还要快。不一会儿，就来到了那个神秘的孤岛。绿坦把潜水艇浮上海面，慢慢靠近小岛，正准备下去查看，突然发现有一队僵尸星球卫兵，手拿着奇怪的武器，正在巡逻。

绿坦赶紧趴下来，慢慢爬过去，然后躲在一块大石头后面观察。岛很小，一眼就能望到另一边。岛的中央有一个巨大的绿色玻璃罩一样的东西，像一只倒扣的透明巨碗，应该是一种先进的防护罩，任何碰到它的东西都会瞬间化成灰。罩子里面，正是被囚禁的校长和其他一些人。

怎么才能救出校长呢？绿坦小心翼翼地趴在地上，把大尾巴竖起来拼命地摇晃，远远看去像是一根芦苇。过了一会儿，校长终于发现，这根摇晃的芦苇有些特别，再细一看，原来是绿坦！校长激动极了，差点就大喊起来，可是马上又冷静下来，随手拿起笔在手上写了一个"红"字，远远地伸向绿坦这边。

"红，什么意思呢？"绿坦冥思苦想，突然想起了从海底捞上来的宝箱，里面有许多红色的衣服和帽子，就像圣诞老人的服装。莫非僵尸星球的卫兵看不见红色？绿坦想到这，马上爬回潜水艇，迅速换上圣诞老人的衣服，然后试探着一点一点走上岛。

他真能躲过卫兵吗？

圣诞老人

圣诞老人

在舞台上方有许多物品，请将与圣诞老人相关的物品装扮到圣诞老人身上。如果与圣诞老人相关的所有物品都装扮完，就算成功。

选择与圣诞老人相关的物品

装扮前的圣诞老人

装扮后的圣诞老人

在这个游戏中，程序设计上可以分为 4 个步骤：游戏开始、物品移动和返回原位、完成按钮的操作、判断是否完成装扮圣诞老人的任务。

1. 游戏开始

在游戏开始时，圣诞老人采用询问方式开始游戏。当获得肯定回答时，用广播脚本来通知这些物品显示在舞台中。当获得否定回答时，用广播脚本通知这些物品不在舞台中显示，结束游戏。

2. 物品移动和返回原位

游戏开始时，设定物品在舞台上的位置。当物品接收在舞台中显示的通知时，显示物品。当鼠标点击物品时，物品会滑动到圣诞老人的对应位置上。当点击键盘 a 时，所有的物品会退回到舞台上方的初始位置。

3. 完成按钮的操作

当游戏开始时，隐藏完成按键。当收到显示物品消息时，显示完成按键。当点击完成按键时通过广播脚本通知所有角色游戏结束。

4. 判断是否完成装扮圣诞老人的任务

当收到游戏完成消息时，判断圣诞老人的所有物品是否都穿戴完了，如果所有物品都穿戴了，那么就切换圣诞礼物背景，否则提示还有哪些物品没有穿戴。

圣诞老人的装扮如下图。

圣诞帽

圆眼镜

圣诞服

白胡子

手套

礼包

鞋子

○ 如何使用询问脚本？

○ 复习变量使用、广播消息等操作脚本。

○ 复习循环和条件判断脚本的使用。

导入背景和角色

在线 Scratch 编辑器：在菜单中点击**文件**，在下拉菜单中点击**从计算机中上传**，编辑器打开文件选择对话框，选择 **5 圣诞老人－背景角色 .sb2**，编辑器会将本地只包含了背景和角色的 Scratch 文件上传到在线 Scratch 编辑器。

离线 Scratch 编辑器：在菜单中点击**文件**，在下拉菜单中点击**打开**，编辑器打开文件选择对话框，选择 **5 圣诞老人－背景角色 .sb2**，编辑器会打开只包含了背景和角色的 Scratch 文件。

导入背景和角色后，在背景列表中添加了*冰雪世界*背景图片和*圣诞礼物*背景图片，在角色列表中添加了*圣诞老人*、*圣诞服*、*圣诞帽*、*白胡子*、*黑胡子*、*礼包*、*毛线帽*、*圆眼镜*、*方眼镜*、*熊猫帽*、*西瓜帽*、*鞋子*、*手套*、*裙子*、*完成* 15 个角色。

建立圣诞老人服饰数量变量

选择数据脚本类型

事件
控制
侦测
画笔
运算
数据
更多积木

建立一个变量

1 点击"建立一个变量"

2 在变量名称框内输入"圣诞老人服饰数量"

变量

变量名：圣诞老人服饰数量

● 适用于所有角色　　○ 仅适用于

确定　　取消

点击"确定"

舞台区出现"圣诞老人服饰数量"数值框

v460

圣诞老人服饰数量　0

3

建立一个变量

☑ 圣诞老人服饰数量

将 圣诞老人服饰数量▼ 设定为 0

将 圣诞老人服饰数量▼ 增加 1

显示变量 圣诞老人服饰数量▼

隐藏变量 圣诞老人服饰数量▼

在 **数据** 脚本类型下，增加了 **圣诞老人服饰数量** 变量和一些用来操作 **圣诞老人服饰数量** 变量的脚本。

游戏开始

在角色列表中，选择**圣诞老人**角色。

圣诞老人

1. 在**事件**脚本类型中，拖动脚本 `当 ▶ 被点击` 到编程区。

2. 在**外观**脚本类型中，拖动脚本 `将背景切换为 冰雪世界▼`，在下拉框中选择**冰雪世界**，在游戏开始时将背景设置为**冰雪世界**背景。

3. 在**数据**脚本类型中，拖动脚本 `将 圣诞老人服饰数量▼ 设定为 0`，在下拉框中选择**圣诞老人服饰数量**，数值框输入 **0**，表示程序启动时将**圣诞老人服饰数量**的变量值设为 0。

4. 在**外观**脚本类型中，拖动脚本 `显示`，显示**圣诞老人**角色。

5. 在**控制**脚本类型中，拖动循环脚本 `重复执行`。

6. **循环体脚本块**：在**侦测**脚本类型中，拖动脚本 `询问 What's your name? 并等待` 到循环体中，文本框中输入**圣诞节要到了，我要去给小朋友送礼物了。能帮我装扮一下吗?**输入 yes 或者 no。

回答是

yes!

(1) 在**控制**脚本类型中，拖动条件判断脚本 `如果 那么`。

(2) 判断条件：在判断条件中拖入**运算符**类型中的 `◁ □＝□ ▷` 比较脚本，在左侧文本框中拖入**侦测**脚本类型中脚本 `回答`，在右侧文本框中输入 *yes*，形成了组合脚本 `如果 回答 ＝ yes 那么`。

(3) 满足条件的脚本块：在**外观**脚本类型中，拖动脚本 `说 Hello! 2 秒`，在文本框中输入*好的！单击上方的衣服、帽子、鞋子等，就可以帮我穿上了！*，在数值框中输入 *5*。在**事件**脚本类型中，拖动脚本 `广播 显示物品▼`，在下拉框中选择**新消息**，新建**显示物品**消息。在**控制**脚本类型中，拖动脚本 `停止 当前脚本▼`，在下拉框中选择**当前脚本**。

回答是
no!

*(1)*在**控制**脚本类型中，拖动条件判断脚本 `如果 那么`。

(2) **判断条件**：在判断条件中拖入**运算符**类型中的 `[__=__]` 比较脚本，在左侧文本框中拖入**侦测**脚本类型中脚本 `回答`，在右侧文本框中输入 *no*，形成了组合脚本 `如果 回答 = no 那么`。

(3) **满足条件的脚本块**：在**外观**脚本类型中，拖动脚本 `说 Hello! 2 秒`，在文本框中输入**那么好吧。没有衣服，今年的圣诞节没法送礼物了!**，在数值框中输入 *2*。在**事件**脚本类型中，拖动脚本 `广播 显示物品`，在下拉框中选择**新消息**，新建**隐藏物品**消息。在**外观**脚本类型中，拖动脚本 `隐藏`，隐藏**圣诞老人**角色。在**控制**脚本类型中，拖动脚本 `停止 当前脚本`，在下拉框中选择**当前脚本**。

当 🚩 被点击

将背景切换为 冰雪世界▼

将 圣诞老人服饰数量▼ 设定为 0

显示

移到 x: -107 y: 1

重复执行

询问 圣诞节要到了，我要去给小朋友送礼物了。能

如果 回答 = yes 那么

说 好的！单击上方的衣服、帽子、鞋子等，就

广播 显示物品▼

停止 当前脚本▼

如果 回答 = no 那么

说 那么好吧。没有衣服，今年的圣诞节没法

广播 隐藏物品▼

隐藏

停止 当前脚本▼

1. 启动脚本

2. 切换背景

3. 设置初值

4. 角色显示

5. 在舞台中位置

6. 重复执行

装扮一下吗？输入 yes 或者 no。 并等待

7. 询问并等待

8. 判断询问回答是否为 yes

? 那么／真

邦我穿上了！ 5 秒

9. 说出内容

10. 广播消息

11. 停止脚本

12. 判断询问回答是否为 no

? 那么／真

勿了！ 2 秒

13. 说出内容

14. 广播消息

15. 角色隐藏

16. 停止脚本

服饰物品移动和返回原位

服饰物品角色主要实现以下 4 个功能：

🎁 当程序启动时，首先隐藏物品，并且设置为指定位置；

🎁 当接收到**显示物品**消息时，能够显示物品；

🎁 当角色被点击时，将物品放置在圣诞老人的相应位置上；

🎁 当按下字母键 *a* 时，将物品从圣诞老人的身上退回到原来的位置上。

圣诞服

圣诞服角色

设置物品的初始位置

在角色列表中，选择**圣诞服**角色。

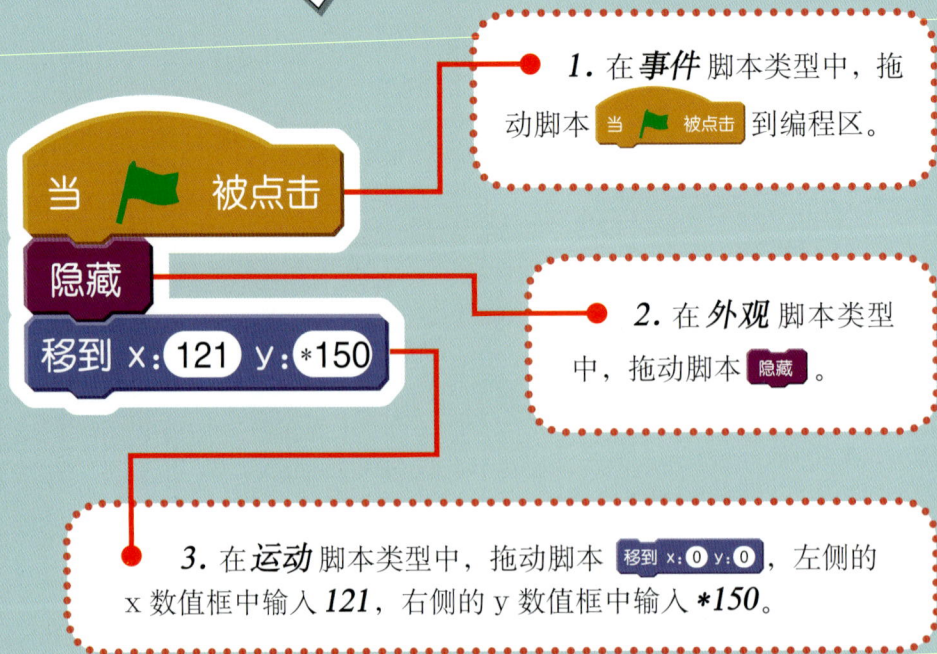

1. 在**事件**脚本类型中，拖动脚本 当 🚩 被点击 到编程区。

2. 在**外观**脚本类型中，拖动脚本 隐藏 。

3. 在**运动**脚本类型中，拖动脚本 移到 x:0 y:0 ，左侧的 x 数值框中输入 *121*，右侧的 y 数值框中输入 **150*。

显示物品

　　在角色列表中，选择**圣诞服**角色。

当接收到 显示物品 ▼

显示

> **1.** 在**事件**脚本类型中，拖动脚本 当接收到 显示物品▼ 到编程区，下拉框中选择**显示物品**。当圣诞服接收到**显示物品**消息时，执行下面的脚本。

> **2.** 在**外观**脚本类型中，拖动脚本 显示 。

将物品移动到圣诞老人身上

　　在角色列表中，选择**圣诞服**角色。

当角色被点击时

移至最上层

在 2 秒内滑行到 x: -39 y: -38

> **1.** 在**事件**脚本类型中，拖动脚本 当角色被点击时 到编程区。

> **2.** 在**外观**脚本类型中，拖动脚本 移至最上层 ，将圣诞服移到舞台中所有角色的最上层。

> **3.** 在**运动**脚本类型中，拖动脚本 在 1秒内滑行到 x:0 y:0 ，在第一个数值框中输入2，在x的数值框中输入−39，在y的数值框中输入−38。当**圣诞服**角色被点击时，将**圣诞服**在2秒钟内滑动到舞台的**x：−39 y：−38**的位置上。

将物品退回到舞台初始位置

在角色列表中，选择**圣诞服**角色。

1. 在**事件**脚本类型中，拖动脚本 当按下 a▼ 到编程区。

2. 在**运动**脚本类型中，拖动脚本 在 1 秒内滑行到 x:0 y:0，在第一个数值框中输入**2**，在 x 的数值框中输入**121**，在 y 的数值框中输入**150**。这样，当单击键盘**a**时，所有物品都将退回到初始位置。

当按下 a▼

在 2 秒内滑行到 x:121 y:150

圣诞服角色的完整代码图。

其他服饰物品角色

　　在角色列表中，分别选择**圣诞帽**、**白胡子**、**黑胡子**、**礼包**、**毛线帽**、**圆眼镜**、**方眼镜**、**熊猫帽**、**西瓜帽**、**鞋子**、**手套**、**裙子**角色，在设置物品初始位置、显示物品、将物品移动到圣诞老人身上、将物品退回到舞台初始位置的 4 项操作与**圣诞服**角色基本一致，差别在舞台中初始位置和圣诞老人身上位置不同。

　　其他服饰物品角色在舞台中初始位置和与在圣诞老人身上相对应的位置如下所示。

物品角色	舞台中初始位置	与圣诞老人身上相对应的位置	
圣诞帽	x：-46　y：168	x：-17　y：83	
白胡子	x:70　y：160	x：-5　y：-19	
黑胡子	x：-26　y：62	x：4　y：-33	
礼包	x：36　y：93	x：61　y：-88	
毛线帽	x：-87　y：54	x：-3　y：-17	
圆眼镜	x：21　y：116	x：4　y：-13	
方眼镜	x：18　y：156	x：2　y：4	
熊猫帽	x：-72　y：116	x：13　y：29	
西瓜帽	x：-79　y：147	x：6　y：25	
鞋子	x：-175　y：61	x：2　y：-133	
手套	x：147　y：58	x：-10　y：-78	
裙子	x：-165　y：123	x：10　y：-56	

完成按键的操作

> 完成按键主要实现三个功能：
> - 当游戏启动时，隐藏完成按键；
> - 当接收到显示物品消息时，显示完成按键；
> - 当点击完成按键时，广播完成消息，表示已
>
> 经为圣诞老人完成了装扮。

隐藏完成按键

在角色列表中，选择完成角色。

DONE

完成

当 🚩 被点击

隐藏

2. 在**外观**脚本类型中，拖动脚本 隐藏 。

1. 在**事件**脚本类型中，拖动脚本 当 🚩 被点击 到编程区。

显示完成按键

在角色列表中，选择**完成**角色。

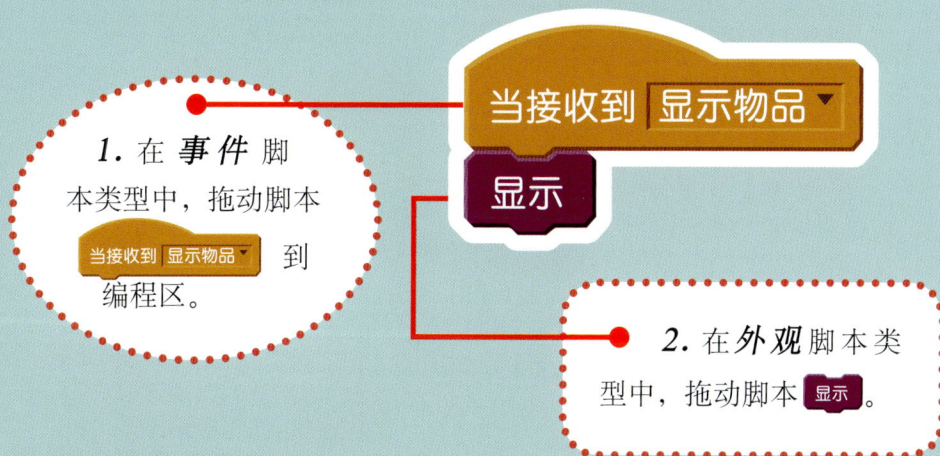

当接收到 显示物品▼

显示

1. 在**事件**脚本类型中，拖动脚本 当接收到 显示物品▼ 到编程区。

2. 在**外观**脚本类型中，拖动脚本 显示 。

广播完成消息

在角色列表中，选择**完成**角色。

当角色被点击时

广播 完成▼

1. 在**事件**脚本类型中，拖动脚本 当角色被点击时 到编程区。

2. 在**事件**脚本类型中，拖动脚本 广播 完成▼ 。

判断是否完成圣诞老人装扮

当**圣诞老人**接收到**完成**消息时，判断是否将所有圣诞老人的服饰都选择完成。如果完成就切换**圣诞礼物**背景，否则显示没有被选择的物品。

判断圣诞老人物品是否都已选择

在角色列表中，选择**圣诞老人**角色。

圣诞老人

当接收到 完成 ▼

将 圣诞老人服饰数量 ▼ 设定为 0

如果 碰到 圣诞帽 ▼ ？ 那么

　　将 圣诞老人服饰数量 ▼ 增加 1

否则

　　说 我的圣诞帽在哪? 4 秒

1. 在**事件**脚本类型中，拖动脚本

当接收到 完成 ▼

到编程区。

2. 在**数据**脚本类型中，拖动脚本 将 圣诞老人服饰数量 ▼ 设定为 0 ，将**圣诞老人服饰数量**变量值设置为0。

3. 在**控制**脚本类型中，拖动条件判断脚本

如果 那么
否则

4. 判断条件：如何判断**圣诞老人**是否穿戴了圣诞服饰。在这里，通过用**圣诞老人**角色是否碰到圣诞服饰物品来判断。在判断条件框中拖入**侦测**脚本类型中的 `碰到 圣诞帽▼ ?`，形成组合脚本 `如果 碰到 圣诞帽▼ ? 那么 否则`，表示**圣诞老人**角色是否碰到**圣诞帽**角色，如果碰到一起，则为条件成立，执行满足条件的脚本块，如果没有碰到一起，则条件不成立，执行不满足条件的脚本块。

5. 满足条件的脚本块：在**那么**的语句中，拖动**数据**脚本类型中的 `将 圣诞老人服饰数量▼ 增加 1`，当判断圣诞老人戴上了圣诞帽时，则将记录**圣诞老人服饰数量**的变量增加1。

6. 不满足条件的脚本块：在**否则**的语句中，拖动**外观**脚本类型中 `说 Hello! 2 秒` 到脚本区，在方框中输入**我的圣诞帽在哪?**，在显示持续时间的圆框中输入**4**。

采用同样的方式，判断圣诞老人是否还佩戴了**圆眼镜、手套、礼包、圣诞服、白胡子、鞋子**等6件饰品。如果佩戴了，则将记录**圣诞老人服饰数量**的变量增加1，否则给出提示。

圣诞老人

当接收到 完成 ▼

将 圣诞老人服饰数量 ▼ 设定为 0

如果 碰到 圣诞帽 ▼ ？ 那么

　将 圣诞老人服饰数量 ▼ 增加 1

否则

　说 我的圣诞帽在哪？ 4 秒

如果 碰到 圆眼镜 ▼ ？ 那么

　将 圣诞老人服饰数量 ▼ 增加 1

否则

　说 我的圆眼镜在哪？ 4 秒

1. 启动脚本

2. 设置初值

? 3. 判断是否戴圣诞帽

那么／真
变量值加 1
否则／假
给出提示内容

? 4. 判断是否戴圆眼镜

那么／真
变量值加 1
否则／假
给出提示内容

如果　碰到　手套　？　那么
　将　圣诞老人服饰数量　增加　1
否则
　说　我的手套在哪？　4　秒

? 5. 判断是否戴手套

那么／真
变量值加 1
否则／假
设置提示语内容

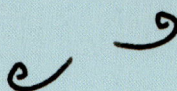

如果　碰到　礼包　？　那么
　将　圣诞老人服饰数量　增加　1
否则
　说　我的礼包在哪？　4　秒

? 6. 判断是否带礼包

那么／真
变量值加 1
否则／假
设置提示语内容

如果　碰到　圣诞服　？　那么
　将　圣诞老人服饰数量　增加　1
否则
　说　我的圣诞服在哪？　4　秒

? 7. 判断是否穿圣诞服

那么／真
变量值加 1
否则／假
设置提示语内容

如果　碰到　白胡子　？　那么
　将　圣诞老人服饰数量　增加　1
否则
　说　我的白胡子在哪？　4　秒

? 8. 判断是否戴白胡子

那么／真
变量值加 1
否则／假
设置提示语内容

切换圣诞礼物背景

在角色列表中，选择**圣诞老人**角色。

1. 在**事件**脚本类型中，拖动脚本 [当接收到 完成▼] 到编程区。

2. 在**控制**脚本类型中，拖动条件判断脚本 [如果 ⬡ 那么]。

当接收到 [完成▼]

如果 ⟨ 圣诞老人服饰数量 = [7] ⟩ 那么

将背景切换为 [圣诞礼物▼]

说 [谢谢！我要去送礼物了，也送你一个圣

3. **判断条件**：在**如果**条件框中拖入**运算**脚本类型中的 [▢ = ▢]，在等式左侧文本框中拖入**数据**脚本类型中的 [圣诞老人服饰数量]，在等式右侧文本框中输入 7，形成了组合脚本

如果 [圣诞老人服饰数量 = 7] 那么

，表示当**圣诞老人服饰数量**的变量值等于 7 时，则执行满足条件的脚本块。

4. **满足条件的脚本块**：在**那么**的语句中，拖动**外观**脚本类型中的 将背景切换为 圣诞礼物 。这样，就将舞台背景切换成**圣诞礼物**的舞台背景了。

5. 在**外观**脚本类型中，拖动脚本 说 Hello! 2 秒 ，在文本框中输入**谢谢！我要去送礼物了，也送你一个圣诞礼物！**，在数值框中输入 5，表示说话内容显示 5 秒。

129

绿坦穿着圣诞老人的衣服，样子十分滑稽，不过他可没有心情关心这些，他的心里像揣着一只小兔子，扑腾扑腾跳个不停，也不知道这身衣服到底能不能管用。

就在绿坦悄悄靠近防护罩时，卫兵突然朝这边走来。绿坦害怕极了，赶紧趴在地上，一动不动。说来奇怪，那些卫兵紧贴着他的身边走过去，却像什么也没看见一样。原来，僵尸星球的超级生命无法辨识长广波，所以根本看不见红色的物体。

趁着卫兵走远，校长赶紧凑过来，小声和绿坦交代了几句。绿坦听了摇头晃脑，十分得意。等到那些卫兵再次走过来时，绿坦悄悄跟在最后面，瞅准时机，迅速按下卫兵后背上的一个蓝色按钮，只见那个卫兵突然僵在那里，就像被孙悟空施了定身法一样。原来，那是他们的能量开关，一按就停。一个，两个，三个……不一会儿，所有的卫兵都定在了那里。绿坦赶紧从卫兵手中拿过一件武器，冲着防护罩射击，只见激光闪烁，防护罩瞬间就被破除了。

啊，这真是一次了不起的解救行动。校长和那些网络专家们都围过来，一个一个热烈地和绿坦拥抱，简直让他喘不过气来。

飞向太空

飞向太空

游戏开始时，飞船在舞台中央，通过摄像头用手或其他物体触碰飞船底部来推动宇宙飞船向上飞行，当没有物体推动时，飞船会逐渐下落。当飞船飞到舞台顶部时，游戏胜利，当飞船落到舞台底部时，游戏失败。

挥动手势让飞船向上飞行

飞船飞到
舞台顶部

游戏胜利

飞船落到
舞台底部

游戏失败

> 在这个游戏中，程序设计上可以分为6个步骤：通过挥动动作为飞船提供动力、判断飞船是否成功飞到顶端还是落到底部、给出成功或失败的提示。

1. 通过挥动动作为飞船提供动力

在游戏开始时，飞船出现在舞台中央，并且打开计算机的摄像头。通过摄像头获取挥手动作，当挥手动作的运动量大于**飞船**角色时，飞船会切换为喷火造型，并且会被逐渐地推动到舞台顶部，在没有任何动作的情况下，飞船不会喷火，逐渐地落到舞台底部。

2. 判断飞船是否成功飞到顶端还是落到底部

如何判断飞船飞到舞台顶端或落到舞台底部呢？在 Scratch 中，舞台最顶部是 $y=180$，舞台最底部是 $y=-180$。在这个游戏中，我们设定飞船飞到 $y=160$ 就到达了舞台顶部，飞船落到 $y=-160$ 就到达了舞台底部。当到达了舞台顶部时，通知成功消息，关闭摄像头，并终止程序。当到达了舞台底部时，通知失败消息，关闭摄像头，并终止程序。

3.给出成功或失败的提示

在游戏开始时，隐藏胜利和失败角色。当收到成功消息时，显示胜利角色。当收到失败消息时，显示失败角色。

● 如何使用摄像头获取动作，并通过视频动作与角色进行交互？
● 复习舞台大小和位置概念，学习如何逐渐改变角色位置和如何判断角色在舞台中的位置？

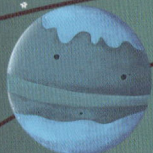

导入背景和角色

　　在线 *Scratch* 编辑器：在菜单中点击 **文件**，在下拉菜单中点击 **从计算机中上传**，编辑器打开文件选择对话框，选择 ***6飞向太空－背景角色 .sb2***，编辑器会将本地只包含了背景和角色的 Scratch 文件上传到在线 Scratch 编辑器。

　　离线 *Scratch* 编辑器：在菜单中点击 **文件**，在下拉菜单中点击 **打开**，编辑器打开文件选择对话框，选择 ***6飞向太空－背景角色 .sb2***，编辑器会打开只包含了背景和角色的 Scratch 文件。

　　导入背景和角色后，在背景列表中添加了星空背景图片，在角色列表中添加了 **飞船、胜利、失败** 3 个角色。

为飞船提供动力

在角色列表中，选择**飞船**角色。

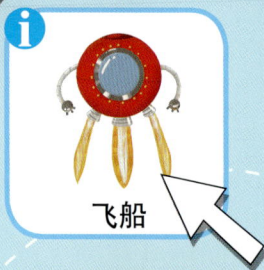

飞船

1. 在**事件**脚本类型中，拖动脚本 当 🚩 被点击 到编程区。

当 🚩 被点击

将摄像头 开启▼

重复执行

　　如果 〈 视频 动作▼ 对于 当前角色▼ > 10 〉 那么

　　　　将造型切换为 飞船▼

　　　　将 y 坐标增加 10

　　否则

　　　　将造型切换为 飞船 - 无喷火▼

　　　　将 y 坐标增加 -2

3. 在**控制**脚本类型中，拖动脚本 重复执行 。

2. 在*侦测*脚本类型中，拖动脚本 `将摄像头 开启▾`，这样，当启动程序时，会开启计算机的摄像头。有的系统会弹出提示框询问是**否开启摄像头**，点击**是**即可开启摄像头。

4.循环体脚本块：

(1) 在*控制*脚本类型中，拖动脚本 `如果 那么 / 否则` 到循环体中。

(2)判断条件：在**如果**条件框中拖入*运算*脚本类型中的 `◀ > ▶`，在左侧文本框中拖入*侦测*脚本类型中的 `视频 动作▾ 对于 当前角色▾`，在右侧文本框输入**10**，形成组合脚本

`如果 视频 动作▾ 对于 当前角色▾ > 10 那么 / 否则`，表示如果摄像头获取到视频中动作的速度与当前角色的运动速度的差值大于**10**。

(3)满足条件的脚本块：在**那么**语句中，拖动**外观**脚本类型中的 `将造型切换为 飞船▾` 和*运动*脚本类型中的 `将 y 坐标增加 10`，将造型切换为**飞船**，底部喷火的造型，并且将**飞船**角色向上增加 10 步，也就是飞船不断上升。

(4)不满足条件的脚本块：在**否则**语句中，拖动**外观**脚本类型中的 `将造型切换为 飞船 - 无喷火▾` 和*运动*脚本类型中的 `将 y 坐标增加 -2`，将造型切换为**飞船—喷火**，底部不喷火的造型，并且将**飞船**角色向下减少 2 步，也就是飞船不断下降。

飞船

1 当 ▶ 被点击

启动脚本

2 将摄像头 开启▼

打开摄像头

3 重复执行

重复执行

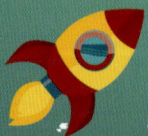

4 视频动作速度减去飞船动作速度大于 10

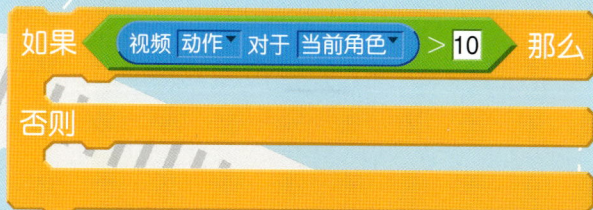

如果 视频 动作▾ 对于 当前角色▾ > 10 那么

否则

?

那么／真　　　否则／假

5

将造型切换为 飞船▾

切换造型

7

将造型切换为 飞船－无喷火▾

切换造型

6

将 y 坐标增加 10

向上飞行　 y:10

8

将 y 坐标增加 -2

向下飞行　 y:-2

飞船

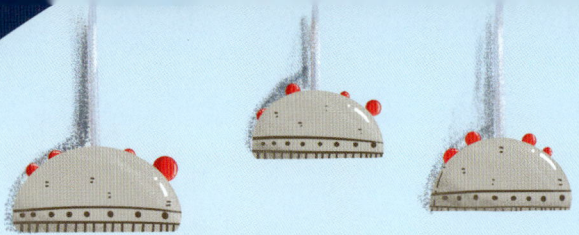

判断是否成功

在角色列表中，选择**飞船**角色。

当 🚩 被点击

移到 x: 0 y: 0

重复执行

　如果 〈 y坐标 < -160 〉 那么

　　将造型切换为 飞船爆炸▼

　　广播 失败▼

　　将摄像头 关闭▼

　　停止 全部▼

　如果 〈 y坐标 > 160 〉 那么

　　将造型切换为 飞船▼

　　广播 成功▼

　　将摄像头 关闭▼

　　停止 全部▼

1. 在**事件**脚本类型中，拖动脚本 当 🚩 被点击 到编程区。

2. 在**运动**脚本类型中，拖动脚本 移到 x: 0 y: 0 ，将飞船的初始位置定位为 **x:0 y:0**。

3. 在**控制**脚本类型中，拖动脚本 重复执行 。

4.循环体脚本块：

(1)在**控制**脚本类型中，拖动脚本 [如果◇那么] 到循环体中。

(2)**判断条件**：在**如果**条件框中拖入**运算**脚本类型中的 [▢<▢]，在左侧文本框中拖入**运动**脚本类型中的 [y坐标]，在大于式的右侧文本框输入**−160**，形成组合脚本 [如果 y坐标 < -160 那么]，表示如果飞船的 y 坐标小于 −160 时，也就是说当飞船接近舞台的底部时。

(3)**满足条件的脚本块**：在**外观**脚本类型中，拖动脚本 [将造型切换为 飞船爆炸]，将飞船的造型切换为**飞船爆炸**造型。在**事件**脚本类型中，拖动脚本 [广播 失败]，向其他角色通知**失败**消息。在**侦测**脚本类型中，拖动脚本 [将摄像头 关闭]，关闭摄像头。在**控制**脚本类型中，拖动脚本 [停止 全部]，终止程序。

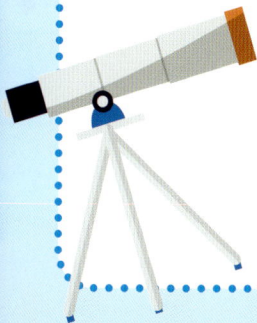

5.制作另一组循环体脚本块：

与上面的步骤基本相同，在**判断条件**中设条件为 [y坐标 > 160]，并将**外观**脚本设为 [将造型切换为 飞船]，拖动脚本 [广播 成功]，向其角色通知**成功**消息。最后关闭摄像头，并终止程序。

1 启动脚本

当 🚩 被点击

2

移到 x: 0 y: 0

打开摄像头

3 重复执行

重复执行

4

如果 y 坐标 < -160 那么

判断飞船的高度是否小于 -160

飞船

?

那么／真

5

将造型切换为 飞船爆炸▼

切换造型

6

广播 失败▼

广播消息

7

关闭摄像头

将摄像头 关闭▼

停止 全部▼

停止脚本

9

如果 y 坐标 > 160 那么

判断飞船的高度是否大于 160

？ 那么／真

10

将造型切换为 飞船

切换造型

广播 成功

广播消息

11

13 停止脚本

停止 全部

将摄像头 关闭

关闭摄像头

12

给出成功或失败提示

胜利

胜利

胜利提示

在程序开始时不显示胜利这个角色。

在角色列表中，选择**胜利**角色。

当 🚩 被点击

隐藏

1. 在**事件**脚本类型中，拖动脚本 `当 🚩 被点击` 到编程区。

2. 在**外观**脚本类型中，拖动脚本 `隐藏`，隐藏**胜利**角色。

接收到成功后显示胜利提示

当接收到 成功 ▾

显示

1. 在**事件**脚本类型中，拖动脚本 `当接收到 成功 ▾` 到编程区。

2. 在**外观**脚本类型中，拖动脚本 `显示`，当接收到成功消息后，显示**成功**。

失败提示

初始状态时隐藏失败提示

在角色列表中，选择**失败**角色。

失败

当 ▶ **被点击**

隐藏

1. 在**事件**脚本类型中，拖动脚本 当 ▶ 被点击 到编程区。

2. 在**外观**脚本类型中，拖动脚本 隐藏 。

当接收到 **失败** ▼

显示

接收到失败后显示失败提示

1. 在**事件**脚本类型中，拖动脚本 当接收到 失败 ▼ 到编程区。

2. 在**外观**脚本类型中，拖动脚本 显示 。当接收到失败消息时，显示**失败。**

145

最后怎么样了呢？当然是大家成功逃离了僵尸星球的程序，重新返回熟悉的人类世界。不用说你也知道，绿坦成了地球上最有名的大明星、大英雄，无论走到哪里，都有人送上掌声和美味的小香肠。

他自己也总是情不自禁地说：

"做英雄的感觉真不错！"